생활 속 화학을 만나다

기초 원리부터 응용까지

강찬솔 지음

자유아카데미

머리말

과학의 눈부신 발전과 변화는 우리의 생활 방식과 환경에 많은 영향을 끼치고 있다. 이러한 과학 발전의 중심 분야는 단연코 '화학'이라고 말할 수 있다. 최근 사회문제나 환경 문제 등과 관련된 과학기술 역시 화학과 많은 관련이 있기 때문이다. 화학은 일상 속에서 우리에게 편리함을 가져다주지만, 자칫 잘못 사용하면 우리의 안전을 위협할 수도 있다. 또한 상당히 많은 학문 분야와 얽혀 있기 때문에 무엇보다도 기초 화학에 대한 체계적인 개념의 이해가 중요하다고 판단된다.

이 책을 편찬한 계기는 '경기꿈의대학' 강의와 관련이 있다. 학생들이 스스로 희망하는 진로와 관련이 있는 강좌를 수강함으로써 융합적인 사고를 통해 자신의 진로를 개척할 수 있도록 도움을 주는 프로그램이다. 강의 초기에는 의욕이 앞서서 교재 없이 강의 자료로만 강의했지만, 이제야 강의 내용을 한 권의 책으로 묶어 체계적인 수업을 진행할 수 있게 되어 매우 뿌듯하게 생각한다.

이 책은 각 장마다 우리 생활 속에서 쉽게 접할 수 있는 화학의 키워드에 대해 다루고 있다. 우리가 살아가는 데 없어서는 안 될 세제와 살균제, 우리에게 친숙한 공기와 물, 화장품과 의약품, 의식주 그리고 기능성 소재와 함께 4차 산업과 관련된 기술을 소개하면서 생활 속 화학의 기초 원리부터 응용에 대한 지식을 함께 다루고 있다. 또한 알아두면 좋은 우리 생활 주변의 화학 지식을 소개하여 일반인들도 복잡하고 어려운 이론에 대해 어느 정도의 전문성을 갖출 수 있도록 도와줌으로써 잘못된 상식을 걸러내고 삶에 도움을 주고자 한다. 마지막으로 유용한 정보를 갖추어 주변 사람에게 지식을 공유하고 타인이 가진 잘못된 지식을 바로 잡아 준다면 더할 나위 없이 기쁠 것이다.

이 책은 화학 원리를 통해 타 분야와의 융복합 연구를 도모하며, 다양한 생각을 도출하고 어떻게 접목할 수 있을지 안내한다. 이를 위해 여러 가지 최신 기술과 통계 자료를 인용하였으며, 각 장마다 소개되는 연구 기술을 사례 중심으로 풀어서 설명하였기 때문에 이공계 학생들뿐만 아니라 비이공계 학생들도 쉽게 읽고 이해할 수 있을 것이다.

좋은 책을 위해 최선을 다했지만 부족한 부분이 있을 수 있다. 이 점은 양해를 바라며 추후 수정사항이 있을 경우에는 자유아카데미 홈페이지(www. freeaca.com) 자료실을 통해 제공할 예정이니 참조하기를 바란다.

끝으로 본 도서의 출판을 위해 근거리에서 격려해 주고 토의에 참여해 준 필자의 아내 김세실리아에게 먼저 고마움을 전한다. 또한 저역서 개발비를 지원해 주신 신한대학교와 바쁘신 와중에도 퇴고에 힘써 주신 한국신발피혁연구소의 김호수 연구원님, 자유아카데미 출판사 모든 분들께 감사의 말씀을 드린다.

2020년 12월

저자 강찬솔

차례

생활 속 화학을 만나다

CHAPTER

01

세제와 살균제

1.1 때를 없애 주는 비누와 세제

세제는 물에 풀어서 옷이나 물건 등 고체 표면에 붙은 이물질을 씻어내는 데 사용하는 물질로 세정제, 세척제라고도 한다. 우리가 아침에 일어나서 잠자리에 들 때까지 세제는 우리 일상생활에서 다양하게 쓰이고 있다.

우리가 외출하고 집에 돌아오면 외부의 먼지와 오염물을 씻어내기 위해 세제를 이용하는데, 이때 속옷, 양말, 의류 등에 사용하는 **세탁세제**와 **섬유유연제**가 있다. 밥을 먹은 후에는 밥, 국, 반찬 등을 담았던 식기를 세척하기 위해 **주방세제**를 사용한다. 이뿐만 아니라 우리가 아침에 일어나서 양치질할 때 사용하는 **치약**도, 세수할 때 사용하는 **천연비누**와 **폼 클렌저**(form cleanser)도, 머리를 감을 때 사용하는 **샴푸**, **린스**, **트리트먼트** 등도 모두 세제에 속한다. 이처럼 우리는 생활 속에서 다양한 세제들을 사용하고 있다. 이 세제들은 모두 오염물질을 제거하여 깨끗하게 하는 데 그 목적이 있다.

1.1.1 개요

기원전 2,500년경 동물의 지방과 나뭇재(나무를 태워서 나온 재)를 섞으면서 처음으로 비누를 사용하기 시작했다. 여기서 나뭇재와 물을 섞은 뒤 침전시킨 것을 걸러서 얻는 물이 바로 양잿물의 시초이다.

양잿물의 주성분인 탄산 포타슘(K_2CO_3)은 물속에서 가수 분해되어 알칼리 성질을 띠기 때문에 세탁 효과가 있다. 과거에는 동물성 성분의 비누를 사용하였지만, 최근에는 자극이 적고 트러블 발생이 없는 식물성 유지와 지방 및 천연물질 등을 활용하여 비누를 만들고 있다.

세제는 비누와 합성세제로 구분할 수 있다. 유지에 강한 염기(가성소다, 수산화나트륨, NaOH)를 넣고 가열하면 에스터화 반응을 통해 염이 만들어지게 되는데, 이 염을 바로 비누라고 한다. 그리고 이러한 일련의 과정을 비누화 반응이라고 한다.

비누는 크게 친유성기와 친수성기로 구분되며, 친유성기는 다시 에스터 성분의 음이온과 금속 부분의 양이온으로 구성된다. 이때 에스터 성분의 음이온(COO^-)과 친유성기들이 세척 작용의 역할을 하게 된다.

그렇다면 비누와 세제는 어떻게 구분할까? 비누와 세제를 구분할 때 친유성 부분을 구성하는 알킬기(alkyl group)에는 큰 차이가 없다. 하지만 [그림 1.1]처럼 친수성 부분을 보면, 비누의 경우 COO^-(ester, 에스터) 결합을 하고 있고, 세제의 경우 SO_3^-(sulfur trioxide, 삼산화황) 결합을 하는 것으로 관찰할 수 있다. 궁극적으로 비누와 합성세제는 친유성기가 아닌 친수성기가 어떤 결합을 하고 있느냐에 따라 구분할 수 있다.

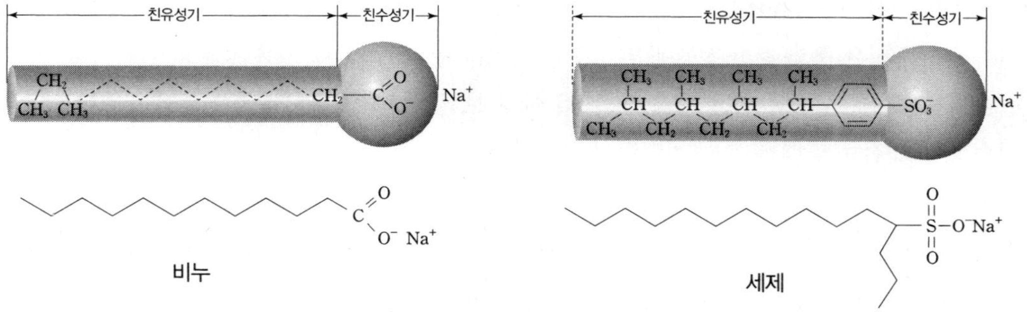

그림 1.1 비누와 세제의 구분

이러한 비누의 단점 중 하나는 동물성 섬유로 만든 의류에서는 세탁 기능이 현저히 저하되고, 센물(hard water)에서의 세탁이 어렵다는 것이다. 이를 보완하여 만들어진 것이 오늘날의 합성세제이다. 합성세제는 산성이나 염기성을 띠지 않는 중성세제로 가격이 저렴하고 세탁 기능이 우수한 장점이 있다.

합성세제는 [그림 1.2]와 같이 ABS(알킨산벤젠 설폰산염, alkylbenzene sulfonate)의 알킬기 부분이 갖는 형태가 가지형(branched)인지 선형(linear)인지에 따라 구분할 수 있다. ABS 합성세제는 가지형 알킬기로 가장 많이 사용되고 있으나 자연에서 쉽게 분해되지 않아 환경 오염을 일으키는 단점이 있다. 최근에는 석유를 원료로 하여 미생물에 잘 분해되는 선형 알킬기 형태의 LAS(linear alkylbenzene sulfonate) 합성세제로 대체되고 있다.

추가로 알킬기 부분에 이중 결합(double bond, =)이 도입된 α-올레핀 설폰산염(α-olefin sulfonate)이나 고급 알코올 황산 에스터염 같은 경우 기존의 합성세제보다 생분해성이 뛰어나고 피부 자극이 적은 이점으로 인해 액체 세제로 사용되고 있다.

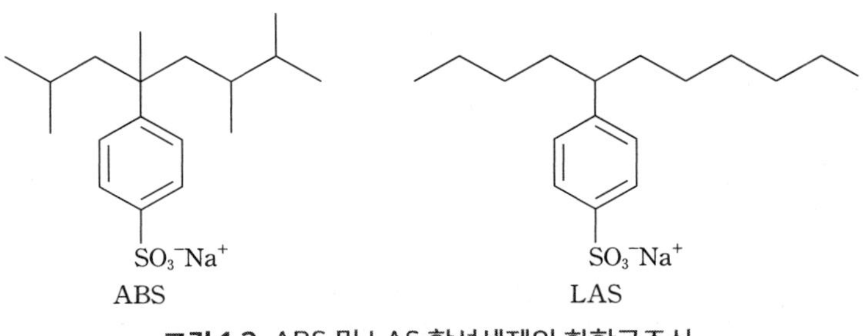

그림 1.2 ABS 및 LAS 합성세제의 화학구조식

1.1.2 기본 원리

그렇다면 이러한 오염물질을 비롯한 이물질(불순물)을 없애기 위해서는 어떤 화학원리가 적용되어야 할까? 바로 계면활성제(surfactant)가 그 역할을 한다.

계면활성제는 양친매성으로 친수성(hydrophilic)과 친유성(lipophilic)을 동시에 가지고 있다. 여기서 친수성은 물과 친한 성질을 말하고 친유성(혹은 소수성)은 기름 성분과 친한 성질을 말한다. 우리가 한 번쯤 먹어 봤던 막대사탕을 예로 보면, 우리가 먹는 사탕 부분이 계면활성제의 친수성이고, 잡는 막대 부분이 계면활성제의 친유성인 것이다.

이러한 양친매성을 가진 계면활성제는 세탁 과정 중에 얼룩과 오염물이 기름(유지) 성분이기 때문에 막대 부분인 친유성기가 오염물질 부분에 [그림 1.3]과 같이 결합하게 된다. 계면활성제가 오염물에 계속해서 붙게 되면 일정 농도 이상에서 미셀(micelle)이 형성되는데, 이를 임계미셀농도(critical micelle concen-tration, CMC)라고 부른다. 이때 계면활성제(세제)가 오염물을 감싸 안은 상태로 섬유로부터 이탈하는데, 이를 유화작용이라고 한다. 물에 의해 씻겨 내려가 때를 없애 주는 것이 세탁의 원리이다.

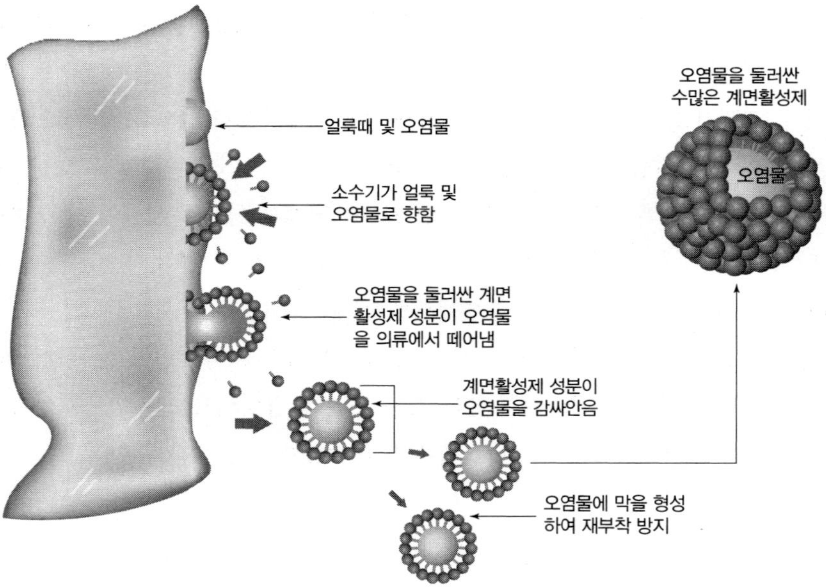

그림 1.3 세탁 과정의 모식도

한 걸음 더 나아가 비누의 친수성 부분을 담당하는 에스터기 구조는 우리 실생활에서 쉽게 접할 수 있는 폴리에스터 의류 소재나 페트병(PET) 등에서도 확인할 수 있다.

우리가 입는 옷 안쪽에 부착된 태그를 확인해 보면 P/C, 나일론, 아크릴, 스판덱스(폴리우레탄) 등이 써진 것을 볼 수 있는데, 여기서 P/C는 폴리에스터와 면(cotton)을 혼방한 직물이다. 즉, 두 종류의 소재로 직물을 짜서 만든 의류를 의미한다. 이때 폴리에스터(polyester)의 'poly'는 많은 것을 의미하기 때문에 에스터(COO^-)기 반복단위(repeating unit)가 분자 구조 내에 85 % 이상 존재한다고 이해하면 된다.

1.1.3 특성

다음 표 1.1은 비누와 합성세제의 특성을 정리한 내용이다.

표 1.1 비누와 합성세제의 특성

구분	비누	합성세제
물의 경도	(센물) 금속이온과 결합하여 금속비누를 생성하기 때문에 세척력이 낮다.	(센물) 세척력이 우수하여 이온교환 연수 장치에 연수 경화제로 사용된다.
세탁 온도	(찬물) 용해성이 낮아 세척 효과가 떨어진다.	(찬물) 용해성이 좋고 세척 효과도 우수하다.
세척력	제품 종류가 한정되어 있다.	얼룩 때의 종류에 따라 다양한 종류가 있어 세척력이 우수하다.
세탁수 재사용	오염물질이 재부착되어 남아 있다.	오염물질 재부착방지제가 함유되어 있어 3회 정도 재사용할 수 있다.

세제를 특성별로 분류하면 수계 세정제, 준수계 세정제, 비수계 세정제로 분류할 수 있다. 수계 세정제는 물에 세제 성분을 포함한 세정제이고, 준수계 세정제는 물에 용해되는 유기용매를 포함한다. 마지막으로 비수계 세정제는 물에 용해되지 않는 불용성 유기용매를 포함한다.

다음으로 비누와 세제를 용도별로 분류하면 다음과 같이 분류할 수 있다. 첫 번째로 세숫비누, 물비누, 화장품, 린스 등은 화장용으로 사용한다. 주방용 세제, 세탁용 비누, 세탁용 가루비누 등은 세제용으로 사용하며, 산업용으로는 그을음이나 염색 등을 제거하는 용도로 사용한다.

비누를 만들 때 유통과정에서의 품질 저하를 막기 위해 석유계 합성방부제와 인공향료 및 합성색소 등을 배합한다. 이렇게 만든 세제는 세정력이 강하지만, 오염물질과 피부표피층을 자극해 각질층과 신진대사를 무너뜨리고 천연보호성분인 피부 장벽을 약화시키는 단점이 있다. 이로 인해 약화된 피부 장벽 사이로 각종 계면활성제, 방부제, 인공향료, 색소 등이 침투하여 피부가 건조해지거나 트러블 및 아토피의 원인이 될 수 있다. 따라서 비누의 유통과정은 무엇보다도 중요하다고 볼 수 있다.

1.1.4 종류

이번 절에서는 비누와 세제의 종류에 대해 알아보도록 한다.

먼저 천연비누는 크게 MP 비누와 CP 비누로 구분할 수 있다. 천연비누는 화학첨가물을 넣지 않고 식물성 원료를 사용하기 때문에 피부 자극이 거의 없다는 장점이 있다.

MP(melt and pour) 비누는 베이스 비누를 녹여서 여러 색소, 향료 등을 원하는 틀에 첨가하여 굳혀 만든 것으로 가장 간단하게 만들 수 있는 비누이고, CP(cold process) 비누는 식물성 오일과 가성소다를 이용하여 저온 숙성법에 따라 만든 것으로 보습감이 뛰어나다. 각 비누에 대한 특징은 표 1.2에 정리하여 나타내었다.

표 1.2 저급비누, MP 비누, CP 비누의 특성

구분	장점	단점
저급비누 (마트 비누)	긴 유효기간 우수한 세정력	낮은 보습력
중급비누 (MP 비누)	짧은 제조 기간(하루 이내) 화려한 색상 구현 저렴한 가격 피부미용 효과	짧은 유효기간(1년 이내)
고급비누 (CP 비누)	우수한 보습력 뛰어난 피부미용 효과	짧은 제조 기간(1개월 이상) 높은 가격 잘 물러짐

다음으로 몇 가지 기능성 비누의 종류에 대해 알아보자.

| 스테인리스 비누

오늘날 비누의 기능과 형태 등이 크게 변화하고 있다. 비누를 사용하다 보면 닳아 없어지다가 결국에는 중간 부분부터 끊어지는 것을 보았을 것이다. 하지만 '스테인리스 비누'는 닳아 없어지지 않을 뿐만 아니라 생선 냄새나 김치 냄새를 제거하는 데도 효과적이다. 이 비누는 철과 크롬을 합금한 후 탄소, 니켈, 모르비덴, 망가니즈 등을 소량 혼합하여 만든다.

| 각질제거 비누

각질을 제거하기 위한 비누도 있다. 발각질 제거 및 무좀, 발 냄새, 가려움증 등을 개선하는 돌 비누이다. 이 비누는 제주 화산재와 블랙 소금, 살구씨 가루와 숯가루의 성분을 혼합하여 만든다. 비누의 사용법은 비교적 간단하다. 발에 물을 묻히고 돌 비누를 부드럽게 문지르고 나서 각질을 정리한 뒤 물로 씻어주면 된다. 하지만 사용 기간이 한 달 정도 되는 소모성 비누이다.

| 천연비누

알레르기, 아토피 피부 등 피부가 예민하거나 트러블이 자주 생기는 사람들을 위해 천연 성분

의 식물성 오일, 과일 향료 및 기타 첨가제를 함께 넣어서 만든 천연 수제비누도 있다. 피부 속 미세먼지까지도 선택적으로 제거할 수 있으며 사용 후 자극이 덜하고 효율이 높은 천연 기능성 비누도 있다.

합성세제의 종류는 앞서 언급한 세탁용 세제, 화장실용 세제, 모발용 세제, 치아용 세제, 주방용 세제 등 다양한 종류가 있다. 이중 모발용 세제와 치아용 세제에 대해 알아보고자 한다.

모발용 세제

모발용 세제는 거품이 잘 생기는 성분과 모발을 보호하기 위한 단백질 성분 이외에도 향료 등의 성분을 첨가하여 만든다. 그 예로는 샴푸, 린스, 트리트먼트 및 모발 영양제 등이 있다. 먼저 모발에 대해 간단히 살펴보면, 모발은 케라틴(keratin) 성분으로, 손·발톱, 피부와 마찬가지로 상피구조의 기본을 형성하는 죽은 단백질이다. 모발의 두께는 사람마다 차이는 있지만, 통상적으로 0.07 mm 수준이다. 모발은 [그림 1.4]와 같이 크게 모간부와 모근부로 구분된다. 모간부는 두피의 바깥 부분, 즉 머리카락이고, 모근부는 그 머리카락의 뿌리를 말한다.

우리가 머리카락을 잡아당길 때, 머리카락이 죽은 세포임에도 통증을 느끼는 이유는 모근부에 살아있는 모낭이 있기 때문이다. 이 살아있는 모낭에서 기질 세포가 분열하게 되는데, 이것이 바로 머리카락이 자라는 이유이다. 즉, 새로운 기질 세포가 분열하여 죽은 세포를 밀어내면서 올라오는 과정을 반복하는 것이다. 일반적으로 머리카락은 하루에 약 0.2~0.4 mm, 한 달에 약 10 mm 정도 자란다고 한다.

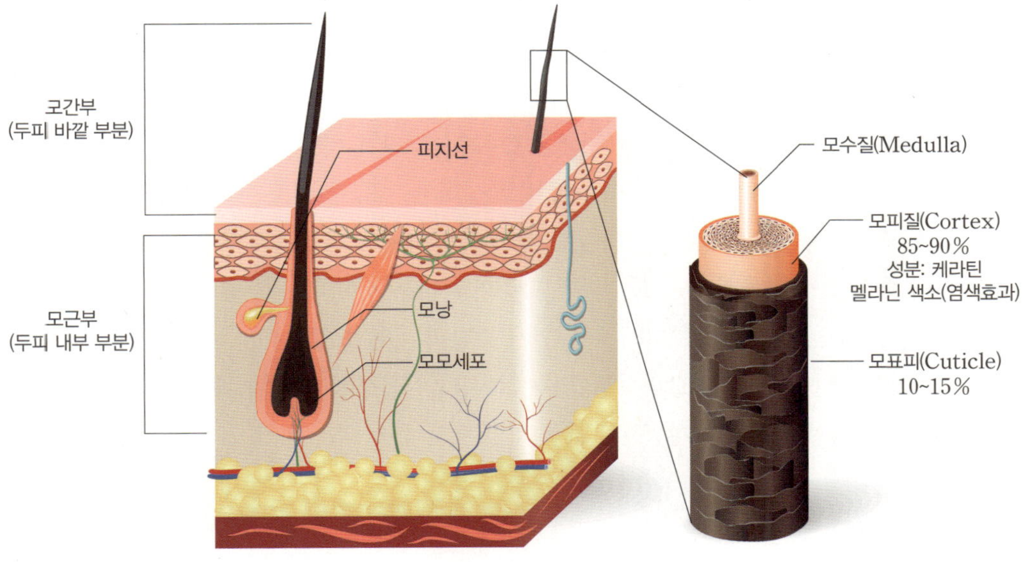

그림 1.4 모발의 구성

본론으로 돌아와 샴푸는 대부분 알칼리성이며 음이온 계면활성제이다. 샴푸가 두피로 들어가는 순간 머리카락의 찌든 때(유지성분)를 제거하게 된다. 이때 두피에 샴푸만 처리하면 머리카락이 음이온으로 대전 되어 뻣뻣한 상태가 되기 때문에 정전기 발생의 원인이 된다. 이러한 뻣뻣함을 유화시켜 주는 것이 린스이다. 린스는 산성이며 양이온 계면활성제이기 때문에 궁극적으로 샴푸를 중화시켜 주는 역할을 한다. 또한 린스(트리트먼트)는 아마이드기(-CONH)를 포함하고 있는 모발에 필요한 고농축 영양제로서 모발의 손상을 방지해 주는 역할을 한다. 즉, [그림 1.5]와 같이 모발에 영양분을 공급해 주어 윤기를 부여하는 역할을 하는 것이다.

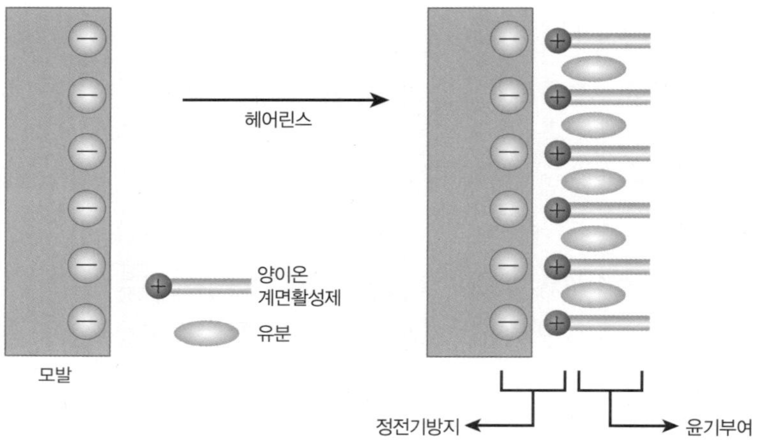

그림 1.5 모발의 린스 효과

미용실이나 이발소에서는 커트 외에도 파마와 염색을 한다. 두피의 pH는 약 5.5로 약산성(pH 4.5~6.5 사이)에 가깝다. 그런데 파마를 하는 과정에서 파마액과 모발이 반응하면 이황화 결합(-S-S-, 시스틴 결합)이 일시적으로 끊어져 pH가 알칼리성에 가까워진다(pH 값 증가, 환원 반응). 그 후 파마용 롤(roll)을 이용하여 형태를 잡아준 후 다시 이황화 결합을 이어주는데(산화반응), 이때 이황화 결합을 이어주는 역할이 바로 산화제이며, 주로 과산화수소가 사용되고 간혹 브롬산, 붕소 소듐 등이 사용되기도 한다. 파마 과정이 끝나면 중성세제로 먼저 씻어주고 후에 산성 세제(린스)로 마무리하면 모든 파마 과정이 끝나는 것이다.

식초(빙초산 혹은 관용명으로 아세트산) 역시 모발과 두피를 청결하게 하는 살균 효과와 함께 모발에 남아 있는 샴푸의 알칼리성분을 중성화시켜 약산성에 가깝게 해주는 역할도 수행한다. 널리 알려진 대로 머릿결을 개선하는 효능이 있는 것이다.

헤어 스타일링제

헤어 스타일링제의 종류는 헤어왁스, 헤어무스, 포마드, 헤어젤, 헤어스프레이, 헤어볼류마이저 등이 있다. 이 중 헤어스프레이와 헤어젤에 대해 살펴보자.

먼저 헤어스프레이의 원리는 고분자 수지를 용매에 용해시킨 후 머리카락에 분무시켜 휘발성 용매가 날아가면서 수지(막)가 머리카락을 고정하는 것이다. 물론 수지는 머리카락을 고정시킬 수 있는 힘이 충분히 있어야 한다. 일반적으로 사용되는 수지는 폴리바이닐피롤리돈(Polyvinyl Pyrrolidone, PVP)이고, 첨가제로 가소제, 방수제, 분사용 압축가스(LPG) 등이 사용된다. 여기에서 사용된 PVP는 생체적합성 고분자이기 때문에 인체에 해로운 영향을 주지 않으니 안심하고 사용해도 된다.

헤어젤의 경우 (+)이온 고분자를 사용하기 때문에 (–)전하인 머리카락의 케라틴과 강하게 결합하여 고정하게 된다. 또한 유기용매를 사용하지 않기 때문에 친환경적이라고 볼 수 있다. PVP, N-비닐이미다졸, m-아크릴아마이드 등의 공중합체가 사용된다.

| 치아용 세제

치아용 세제는 치아 표면의 불순물을 제거하기 위한 연마제에 추가로 향료, 감미료, 색소, 표백제 등을 첨가하여 만들어졌다. [그림 1.6]을 보면 알 수 있듯이, 치아의 단면은 크게 치관, 치경, 치근으로 구성된다.

치경은 잇몸을 의미하는데 잇몸질환의 대부분은 적당한 마사지의 결핍, 침전된 찌꺼기, 퇴적물의 세균감염 등이 그 원인이다. 반면 치관은 흔히 치아라고 하는 에나멜이 여기에 속한다. 이러한 에나멜은 대부분 산에 약한 성질을 가지고 있으며, 탄산칼슘 결정형(aragonite, 산석)과 수산화삼인산오칼슘(apatite, 인회석)으로 구성된다. 음식물을 섭취하고 분해될 때나 박테리아 균의 덱스트린 침전물도 산(acid)으로 형성된다.

따라서 이러한 산으로부터 치아를 보호하기 위해서는 치약을 사용하여 잘 닦아주는 수밖에 없다. 이때 치약의 중요한 성분은 연마제와 세제이다. 연마제는 치아 표면을 물리적으로 없애주는 역할을 하고, 세제는 물속의 부유 입자와 오염물 등을 세척하는 역할을 한다. 연마제는 실리카 수화물, 알루미나 수화물 그리고 탄산포타슘 등이 주로 사용되며, 세제는 로릴황산소듐이 사용된다. 이 두 가지 물질은 우리 입맛에 맞지 않아 향기, 단맛, 색소 등을 첨가해 주어 유쾌한 맛을 부여해준다.

요즘 많은 사람들이 치아 미백에 대해 관심도가 높은데, 치아의 치관 중 에나멜 구조 바로 아래에 있는 상아질은 혈관과 신경을 보호해 주는 역할을 한다. 치아가 착색될 경우 에나멜은 칫솔질로 닦임이 가능하나 상아질은 닦임이 불가능하다. 착색의 원인은 여러 가지가 있는데, 에나멜의 착색물이 상아질까지 침투해서 착색되거나, 노화로 인해 황색으로 변화하는 것 등이 있다. 이때 사용되는 것이 치아 미백제로 테이프형, 립스틱형 등 다양한 형태로 시판되고 있다.

일반인들과 비교하여 연예계 사람들이 대부분 이용하는 방식은 세라믹계 보철이다. 즉, 치아를 일정 두께로 갉아내어 흰색의 세라믹 보철을 라미네이팅 하는 것으로 강도가 약하여 파손이 잘 되는 단점이 있으나 최근에는 이러한 단점을 보완한 방법도 등장하고 있다.

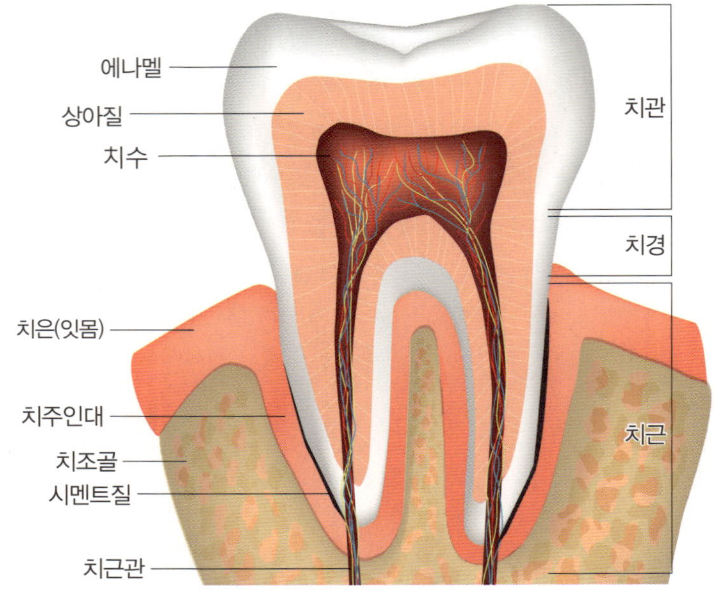

그림 1.6 치아의 단면도

1.1.5 기타 세정제

세정제는 몸이나 섬유제품, 식기, 식품, 금속 등의 기름때, 먼지, 그을음 등을 깨끗이 씻어내기 위한 목적으로 사용하는 유기 및 무기 화합물을 총칭한다. 궁극적으로는 화학물질을 통해 불순물, 이물질 등을 제거하는 것이다.

의류 혹은 제품에 오염물이 붙게 되면 이를 제거하기 위해 용매를 사용하는데, 이때 세정력은 앞에서 설명한 임계미셀농도(CMC)에 비례한다.

| 산업용 세척제(절연 세정제)

많은 공장에서 24시간 365일 내내 기계를 계속 가동해야 하는 경우가 많다. 이때 손상된 기계를 고치거나 청소하기 위해 며칠 정도 기계를 운영하지 않으면, 매출에 적지 않은 손실을 줄 수 있다고 한다. 기계가 고장 나는 것만큼이나 청소 문제도 중요하다고 할 수 있다.

화재 안전사고 중 28 %가 전기사고이다. 접점 불량, 금속성 부식물질 및 습기 등으로 인한 전기사고가 화재의 주요 원인으로 손꼽힌다. 예를 들면, 배전반, 전통 시장, 전기 전자·통신 설비 및 가전제품 분야 등에서는 기계가 가동되는 상태에서 비좁은 공간을 청소하기 때문에 팔이 끼거나 감전되는 사고 또는 합선, 누전으로 불꽃·분진 폭발 등의 발생이 그 원인이 되는 것이다. 이를 해결하기 위해 한국화학연구원에서는 기계의 전원을 끄지 않고도 분진, 금속성 오염물질, 이물질 등의 오염원을 청소할 수 있는 세제인 절연 세정제를 개발하였다. 마치 세차하는 것처럼 분사기로 분무한 뒤에 씻는 기술로 오염원 위에 코팅시킨 뒤 닦아내기만 하면 손쉽게 오염원을 제거할 수 있다. 상기 분야를 비롯한 컴퓨터·냉장고·에어컨 등 전자 제품과 배전반·변전실 전기 설비 시스템 등에도 바로 적용하여 사용할 수 있다고 한다.

| 콘택트렌즈 세정제

콘택트렌즈를 사용하는 착용자의 경우, 콘택트렌즈의 세정은 착용자의 눈과 직접 관련이 있으므로 콘택트렌즈를 사용한 후에는 반드시 깨끗이 씻어야 한다.

소프트 콘택트렌즈의 소독용액(세정제)은 단백질 제거, 세척, 헹굼, 소독·보존, 보습, 가시아메바 살균 등에 도움을 주며, 사용 방법은 다음과 같다.

■ 콘택트렌즈 세정제 사용법

1) 용액으로 렌즈의 각 면을 충분히(5초 정도) 헹군다.
2) 렌즈 케이스에 소독용액을 넣어 채운 뒤, 뚜껑을 닫은 후 6시간 이상 보관한다.
3) 렌즈를 사용할 때는 케이스에서 꺼내어 착용한다.

콘택트렌즈 세정제는 개봉하면 6개월의 유효기간이 있으며, 기타 인공눈물 등의 유사한 제품들이 있다.

| 천연 세정제

합성세제의 사용에 따른 환경오염 문제로 천연 세정제가 큰 관심을 받고 있다. 채소, 과일 등을 씻을 때는 흐르는 물에도 세척하기도 하지만, 아이를 키우는 가정의 경우 살균 소독제 및 천연 세정제를 활용하여 씻으면 더 안전하게 세척할 수 있다. 특히 코코넛 살균 소독제를 이용하면 과일·채소를 비롯하여 유아의 식기와 장난감 등의 세척도 가능하다.

유기농 세탁볼 세제의 경우에는 천연 마그네슘을 이용하여 기름때, 찌든 때 및 얼룩 등을 제거할 수 있다고 한다. 천연 세정제로서 칼슘성분이 함유된 굴 껍데기나 블루베리 등도 모두 뛰어난 세정효과가 있다. 물 1 L에 1 g의 양만 첨가해도 우수한 세정작용을 발휘할 수 있다.

1.2 세균을 제거하는 살균제

1.2.1 개요

살균제는 생활 속에서 세균(박테리아 등), 곰팡이와 같은 미생물을 없애거나 증식 발생을 예방하는 화학제품(항생제 등) 또는 작물의 생장을 방해하는 미생물을 없애는 제품(농약 등)으로 정의된다. 생활 속 화학제품과 농약의 살균 성분 등의 여러 종류와 사용법 등은 법률로 엄격한 관리 기준을 갖는다. 일례로 생활 속 화학제품의 살균 성분이 허용기준치 이상일 경우 해당 제품의 생산과 유통이 금지된다.

세균과 곰팡이 이외에도 특정 미생물들은 악취와 독성 물질을 분비하여 생활 속 환경에 악영향을 주고, 사람, 동물, 농작물 등에 질병을 유발하기도 한다. 또한 실내 공간에서 다량의 수분이 존재하는 곳에 집중적으로 발견된다.

우리 생활에서도 강력한 살균력을 자랑하는 살균·항균·제균 제품들을 많이 찾아볼 수 있다. 예를 들어 비누·세제·화장품·휴지·방향제·탈취제 등 거의 모든 생활용품에 살균제 기능이 있다. 또한 그릇·도마·플라스틱 용기, 내복·벽지·페인트에도 살균력과 항균 기능을 모두 갖춘 것들이 많다. 공기청정기·에어컨·젖병·세탁기 외에 컵·채소·과일 전용 살균기 등도 마찬가지이다. 이처럼 살균 관련 제품들은 우리 생활에서 떼려야 뗄 수 없는 관계이다.

1.2.2 기본 원리

살균제의 원리는 미생물의 세포막을 파괴하고, 대사 과정을 방해하여 멸균·고사·제거시키는 것이다. 통상적으로 살균제는 사용자에게도 피해를 주기 때문에 꼭 필요한 경우에만 사용하야 하고, 사용할 때는 예방 차원에서 사전에 안전사용법을 숙지하는 것이 무엇보다도 중요하다(표 1.3). 간단히 말해서 살균제품을 사용할 때는 호흡을 통해 흡입하지 말고, 입으로 섭취하지 않으며, 눈에 가까이하지 않아야 한다. 덧붙여 밀폐된 실내 공간에서는 살균제를 사용해서는 안 된다. 특히 농약의 경우 매우 강한 독성을 띠기 때문에 피부와의 접촉을 될 수 있으면 피하는 것이 좋다.

표 1.3 주요 살균제 사용 목적 및 인체 유해 정도

(※ △는 제한적 허용)

	눈·호흡기 노출	섭취	피부 접촉
방부제(포르말린, 페놀 등) 목재 등 유기물 부패 방지	×	×	×
살균 소독제(에탄올, 과산화수소 등) 피부, 물건 표면 세균 제거	×	×	△
보존제(소금, 설탕, 구연산 등) 식품, 화장품 부패 방지	×	△	△
항생제(페니실린, 반코마이신 등) 세균으로 인한 질병의 치료	△	△	△

[출처: 몸에 무해한 살균제 없다, 인체 유해 정도 다를 뿐, 중앙일보, https://news.joins.com/article/20189377]

1.2.3 종류

살균제의 천연 성분으로는 동·식물에서 추출한 구연산(citric acid, 레몬산), 벤조산(benzoic acid, 안식향산), 젖산(lactic acid, 유산), 소르브산(sorbic acid), 동물성 아미노산(amino acid) 및 크릴새우 오일 등이 있다. 합성 성분은 천연 성분보다 더 많이 사용되고 있으며, 그 예로는 아이소싸이아졸리논(isothiazolinone) 유도체(MIT(methylisothiazolinone), CMIT(chloromethylisothiazolinone))와 구아니딘(guanidine) 유도체(PGH(oligo(2-(2-ethoxy)ethoxyethyl guanidinium chloride), PHMG(polyhexamethylene guanidine))등이 있다. 천연 살균 성분은 인체에 독성이 없고, 합성 살균 성분은 인체에 유해하다는 속설은 사실과 전혀 다르다.

표 1.4 살균제의 구성성분

천연 성분	
식물 추출 구연산(citric acid, 레몬산), 벤조산(benzoic acid, 안식향산), 젖산(lactic acid, 유산), 소르브산(sorbic acid)	동물 추출 동물성 아미노산(amino acid), 크릴새우 오일
합성 성분	
아이소싸이아졸리논(isothiazolinone) 유도체(MIT(methylisothiazolinone), CMIT(chloromethylisothiazolinone)), 구아니딘(guanidine) 유도체(PGH(oligo(2-(2-ethoxy)ethoxyethyl guanidinium chloride), PHMG(polyhexamethylene guanidine)) 등	

이처럼 살균제는 우리가 생활 속에서 깨끗하고 위생적으로 살아가는 데 도움을 주는 훌륭한 화학제품이다. 하지만 생활 속 가전제품 및 화학제품 등의 소비가 증가하기 시작한 이래로 무분별하게 살균 기능에만 초점을 맞춘 공기청정기, 세탁기, 가습기 세정제 등 다양한 제품들이 출시되면서 심각한 사회 문제로 대두 되었다. 왜냐하면, 실제로 소비자들은 살균력을 강조하는 제품에 열광하지만 정작 살균제품의 정확한 화학 원리나 안전한 사용법에 대해서는 큰 관심을 보이지 않기 때문이다.

과거 인류의 전통식품에 대한 살균 방법을 알아보자. 폐렴을 일으키는 폐렴균, 위염을 일으키는 헬리코박터균 등 우리에게 질병을 일으키는 박테리아를 '병원균'이라고 한다. 또한 음식물을 썩게 하여 먹을 수 없게 만들어 버리는 것을 '부패균'이라고 한다. 이처럼 병원균과 부패균의 피해는 우리가 생활하는 데 있어 결코 간과할 수 없다. 여기에서 '살균'은 병원균과 부패균 등을 제거하는 것을 의미한다.

살균 방법

• 수분을 제거한다.	예) 건조·훈제·동결건조
• 소금·꿀(설탕)·식초를 이용한다.	예) 염장·절임
• 외부로부터의 침입을 차단한다.	예) 통조림·진공포장

유럽은 전쟁을 많이 겪으면서 음식을 장기간 보관하는 것에 관심이 많았다. 이를 위해 유럽에서는 일찍이 염장 방법이 사용되었으며, 오늘날에도 유럽 음식이 많이 짠 이유도 이것에 영향을 받았다고 할 수 있다.

인류의 역사는 세균에 의한 감염성 질병의 역사라고 해도 과언이 아니다. 일례로 흑사병(페스트균), 매독(매독균) 때문에 인류의 역사가 달라졌다는 주장도 있다. 또한 2019년 코로나바이러스(COVID-19)로 인해 앞으로 우리는 포스트 코로나 시대를 살아야 한다.

천연 살균제

베이킹소다는 기름때나 먼지를 제거하는 데 매우 효과적이며, 특히 부엌이나 욕실의 찌든 때를 닦아낼 정도로 세척력이 우수하다. 구연산의 경우 세균을 잡아주는 효과로 인해 주방의 배수구나 식기, 싱크대에도 사용되며, 식초의 경우 항생제(미생물의 번식 억제) 역할 및 살균 작용이 가능하다. 또한 계피도 마찬가지로 살리실알데하이드 성분을 갖고 있어 살균력이 뛰어나 해충 박멸에 효과적이다. 소금과 생강의 경우 병원균과 바이러스 등을 없애주는 살균력이 우수하여 침구류나 카펫 등에 활용할 수 있다(표 1.5).

표 1.5 천연 살균제의 종류

종류	효과
베이킹소다	식품첨가물로 알려진 베이킹소다는 기름때나 먼지를 닦아내는 효과가 있어서 부엌이나 욕실의 오염물을 제거하는 데 유용하게 사용할 수 있다.
구연산	구연산은 레몬이나 감귤류에 들어있는 염기성 산으로 살균 효과가 있어서 부엌의 배수구, 식기, 싱크대 등을 닦을 때 사용하고 빨래할 때도 사용할 수 있다. 또한 구연산을 희석해서 사용하면 세탁의 마지막 과정에서 섬유유연제 대신 활용할 수도 있다.
식초	식초에 있는 수소 이온은 오염물을 벗겨 청소할 때 도움을 준다. 또한 미생물의 번식을 억제하여 증식하지 못하게 하는 정균 작용을 한다. 균의 종류, 온도, pH 등의 조건이 맞으면 식초를 이용하여 살균 효과를 볼 수도 있다.
계피	계피에 있는 시나믹알데히드, 살리실알데히드 성분은 살균 능력이 뛰어나서 진드기나 벌레를 제거하는 데 효과적이다.
소금	소금 속 살균 성분은 바이러스와 세균을 잡는 데 효과적이다. 카펫을 청소할 때 굵은 소금을 사용하는 것도 소금의 살균 작용을 이용한 것이다. 집안의 개미를 퇴치할 대도 소금을 이용할 수 있다.
생강	생강에 있는 쇼가올과 진저롤 성분은 각종 병원균을 쫓는 데 효과적이다. 생강을 소주에 우려낸 다음 원액을 희석하여 침구류를 살균하거나 바닥을 닦을 때 사용하기도 한다.

[출처: 믿고 쓸 수 있는 안전한 '천연살균제' 7가지, 건강생활노트, https://blog.healthlifenote.com/126?category=637640]

베이킹소다와 구연산을 활용하여 가정에서 천연살균제를 만드는 방법을 소개하고자 한다. 먼저 일반세제를 사용할 경우 일반세제, 베이킹소다, 1 % 구연산수를 각각 1:1:1의 비율로 첨가하면 되고, 산소계 표백제로 만들 때는 산소계 표백제, 베이킹소다, 1 % 구연산수를 각각 2:1.5:1의 비율로 첨가하여 만들 수 있다. 여기서 1 % 구연산수를 제조하는 방법은 물 1 L에 구연산 10 g을 넣어주면 쉽게 만들 수 있다.

이렇게 만들어진 천연살균제는 채소나 과일을 세척할 때나, 탈취제 및 살충제로 사용할 수 있다. 다음 표는 천연 살균제의 사용법(표 1.6)과 그 용도(표 1.7)를 정리하여 나타낸 표이다.

표 1.6 천연 살균제의 사용법

채소, 과일 세척	• 흐르는 물에 채소와 과일을 한 번 헹궈준다. • 물을 받은 후 베이킹소다를 넣어 준 다음 5분 정도 담가 놓는다. • 다시 흐르는 물에 2~3번 헹궈준다.
탈취제	• 베이킹소다를 뚜껑이 없는 용기에 담아 쓰레기통이나 화장실 안에 배치한다. • 1개월 정도 사용한 후 버리지 말고 세척용으로도 재사용할 수 있다.
살충제	• 분무기에 천연 살균제를 넣은 후 식물에 뿌려주면 진딧물, 거미, 파리 등을 박멸시킬 수 있다.

표 1.7 살균제 및 천연 살균제의 용도

의료	내시경, 인공투석기, 각종 장비, 카테터, 마취기구, 인큐베이터 살균, 수술대, 침구류 등
식품	과일과 채소의 세척, 급식소, 호텔, 식자재 유통 업체, 포장업체 등
동물 축산	도축장, 육가공 제조업체, 사료 공장, 어패류 양식장 등
유아용 완구류	블록완구, 조립완구, 인형 등

1.2.4 살균제 적용 제품

l 가습기

가습 방식은 크게 초음파식, 기화식, 가열식 등이 있다. 이 중 가장 많이 사용되는 기화식 가습기의 원리를 알아보면, 먼저 수로 내에 필터가 장착되어 있고 수로 안에 물이 모세관 현상을 통해 필터로 흡수된다. 그다음 물이 적셔진 필터 사이로 건조한 공기가 들어가면서 나올 때 순수한 물만 증발되어 나오면서 촉촉한 공기를 얻는 원리이다. 중요한 것은 가습기를 사용하기 전에 먼저 실내를 청소한 뒤에 사용하는 것이 중요하다. 왜냐하면, 가습기에서 수증기가 나오게 되면 안 좋은 실내공기와 결합하여 우리 호흡기로 들어올 수도 있기 때문이다.

화학물질은 비유컨대 양날의 칼과 같다. 잘 숙지하고 사용하면 화학물질로 야기되는 피해를 입지 않고 안락하고 풍요로운 생활을 영위하는 데 도움이 될 수 있지만, 적정량을 초과하게 되면 생명까지도 위태로울 수 있는 위해성을 가질 것이다. 근래에 이슈화된 가습기 살균제에 대한 문제도 관련 제품이 제조되고 유통되는 과정에서 화학물질의 오용, 안전성 인식의 착오와 함께 법·규제가 부족하여 발생한 사건들이다.

2011년 가습기 안으로 살균제를 첨가하여 사용하라는 '제조사의 설명서'을 따르던 소비자 중에 폐가 굳어지는 폐섬유증(pulmonary fibrosis)으로 사망한 뉴스가 보도된 바 있다. 2020년 9월까지 환경부에 95만여 명의 피해를 호소하였고, 2만여 명이 사망한 것으로 추산되었다. 우리나라의 가습기 살균제 대참사는 살균에 대한 과도한 집착이 그 원인으로 보인다.

따라서 가습기뿐만 아니라 기타 살균 관련 제품을 사용할 경우 소비자는 제품의 부작용 가능성을 충분히 인지해야 하며, 기업은 소비자에게 안전한 사용법과 부작용에 대처하는 방법 등을 이해하기 쉽게 잘 전달해야 한다. 나아가 정부는 정책 등을 통해 관리·감독을 철저히 강화하는 것이 중요하다. 궁극적으로 소비자-기업-정부 간의 생활용품 관리체계 일원화가 이루어져야 하는 것이다.

❙구강 청결제품

우리는 가그린, 리스테린 및 치약 등 구강 청결제품을 많이 접하며 생활하고 있다. 이러한 구강 청결제품 역시 살균제이다. 주요 성분으로는 불소(플루오린, fluorine)가 함유되어 있으며, 청량감과 같은 시원한 느낌을 주기 위해 알코올 성분이 소량 포함되어 있다. 2010년 이후 호흡기 질환, 황사, 미세먼지 등 대기오염 및 호흡기 질병의 발생으로 구강 청결제품에 대한 시장이 꾸준하게 성장하고 있으며, 국내시장 규모는 연간 매출액이 약 600억 원에 이른다. 스프레이, 사탕, 필름형(구취 제거용) 등 사용자들이 간편하게 사용할 수 있는 제품의 수요도 늘어나고 있다. 게다가 천일염, 한방 성분의 첨가로 화학 성분을 줄이고 천연 성분을 늘리는 등 안전한 제품 출시를 위해 노력하고 있다. 최근에는 허브 성분, 제라늄, 티트리 오일 등의 구강 청결제 역시 큰 주목을 받고 있다. 이러한 이슈화 제품은 고객의 성별, 연령층, 필요성에 맞춤 적용할 수 있게 만들어졌다. 이에 대한 아이디어는 고객의 요구사항을 놓치지 않고 반영하는 데 있다.

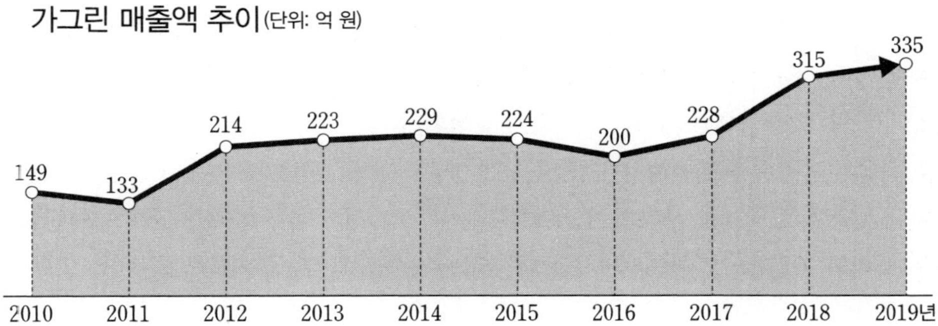

그림 1.7 구강 청결제 시장현황과 유사 구강 청결 상품 [출처: 동아제약]

❙가정용 세척제와 표백제

가정용 세척제(락스)는 물에 차아염소산소듐(NaClO)을 4~5 % 용해한 수용액을 의미한다. 그 유래는 화학 명칭이 긴 차아염소산소듐 수용액을 미국의 Clorox 社가 상품명으로 판매하고, 이후에 뒤의 두 글자만 따서 락스(rox)라는 이름으로 현재까지 고유명사로 우리에게 친숙하게 불리고 있다. 이처럼 상품명이 고유명사가 된 예로는 포크레인(굴착기), 대일밴드(반창고), 호치키스(스테이플러) 등이 있다. 락스는 살균소독용으로 값이 가장 저렴하여 널리 보편화되어 사용되고 있다.

그림 1.8 다양한 종류의 가정용 세척제 [출처: ©Billion Photos/Shutterstock]

표백제는 누런 옷을 원래의 흰색으로 되돌려 주는 역할을 한다. 그 종류로는 염소계 표백제, 산소계 표백제 등이 있다. 먼저 염소계 표백제는 앞에서 언급한 락스로 수영장에서 자주 맡아 본 냄새가 바로 그것이다. 이는 산성 세제와 같이 사용할 경우 맹독성의 염소 기체(Cl_2)가 발생하기 때문에 주의해야 한다. 산소계 표백제로는 옥시크린이 있으며, 퍼옥소탄산소듐($Na_2C_2O_6$)의 분말 형태로 물에 녹으면 분해되어 산소가 발생한다.

다음으로 기타 얼룩을 제거하기 위한 얼룩 제거제에 대해 알아보자. 커피나 음료수가 옷에 묻었을 때는 염소계 표백제를 사용하여 제거하면 된다. 립스틱이 묻었을 때는 클로로폼($CHCl_3$)을 사용하고, 피와 과일 등의 얼룩을 제거할 때는 과산화수소(H_2O_2)를 이용하면 된다.

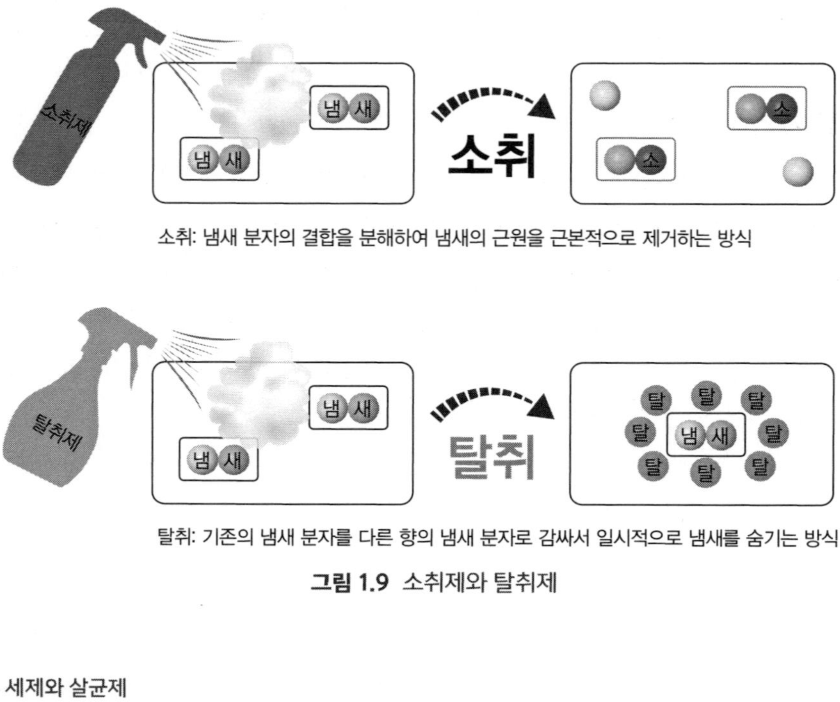

그림 1.9 소취제와 탈취제

제습제, 소취제·탈취제

포장용 김이나 과자 봉지 속 등에 들어가는 건조제나 여름철 옷장 안에 들어가는 제습제를 많이 보았을 것이다. 포장용 김과 과자 봉지 안의 흡습제는 대부분 실리카겔이라는 물질이다. 실리카겔은 미세 기공이 많고 비표면적이 매우 크기 때문에 수분이나 기체 등을 잘 흡착하여 방습제, 악취제거제, 탈취제 등으로 주로 사용되고 있다.

하지만 여름철 옷장 안에 들어가 있는 제습제는 염화칼슘($CaCl_2$)으로 앞에서 언급한 실리카겔과는 다르다. 제습제는 단순히 물을 좋아하기 때문에 공기 중 수분과 결합을 하는 것뿐이다. 염화칼슘을 사용하면 그 자체 중량에 약 14배(100 g이면 1.4 L) 정도의 수분을 제거한다고 한다. 사용 후에는 염화칼슘이 용해되면서 물이 생기는 것을 확인할 수 있다. 한지에 염화칼슘을 넣어서 고무줄로 고정하면 가정에서도 손쉽게 제습제를 만들 수 있는데. 다만, 주의사항으로는 금속을 부식시키는 성질이 있으므로 직접 피부에 닿지 않게 사용해야 하며 만약 닿았다면 신속히 물로 씻어내야 한다. 또한 불가사리도 천연 염화칼슘으로 사용되기도 한다.

소취제 및 탈취제는 악취물질과 같은 휘발성 냄새 입자를 일시적으로 제거하는 데 효과적이다. 예를 들어 고깃집에서 고기를 구워 먹은 뒤 소취제·탈취제 성분이 들어간 분무기를 활용하여 일시적으로 입자성 냄새를 제거할 수 있다.

향수

요즘에는 남녀노소를 가리지 않고 향수를 사용하는 사람들이 많이 늘어나고 있다. 향수는 통상적으로 향료 원액이 10~25 %를 차지하고, 나머지는 알코올과 기타 살균제 및 방부제로 구성된다. 이러한 향수는 휘발성의 차이에 따라 구분할 수 있다. 먼저 탑 노트(top note)는 휘발성이 가장 강한 성분이고, 미들 노트(middle note)는 중간으로 일랑일랑, 백합, 카네이션, 장미 등에서 추출한 성분이다. 베이스 노트(base note)는 수지, 왁스와 같은 고분자의 물질로 휘발성이 가장 약한 반면 매혹적인 향료로 알려져 있다. 또한 탑 노트와 미들 노트의 휘발성 물질을 잡아줌과 동시에 향수의 사용 기간을 제어할 수 있는 역할을 한다. 사향고양이(civet cat)의 분비물 등을 채취 후 합성하여 고가의 향수를 제조하기도 한다.

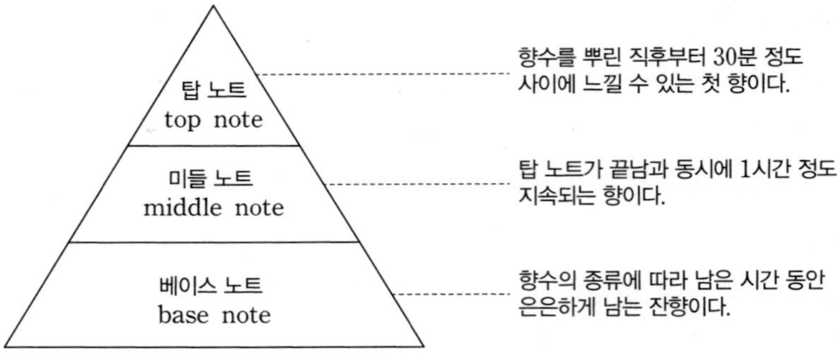
탑 노트
top note
향수를 뿌린 직후부터 30분 정도 사이에 느낄 수 있는 첫 향이다.
미들 노트
middle note
탑 노트가 끝남과 동시에 1시간 정도 지속되는 향이다.
베이스 노트
base note
향수의 종류에 따라 남은 시간 동안 은은하게 남는 잔향이다.

그림 1.10 향수 노트

생활 속 화학을 만나다

CHAPTER

02

깨끗한 물과 정화된 공기

물과 공기는 우리가 살아가기 위해 없어서는 안 될 귀중한 존재들이다. 하지만 과거부터 인간의 활발한 경제활동, 인구증가 및 자연재해로 인해 지구 시스템이 무너지고 생태계가 파괴되면서 물과 공기의 오염이 현재까지 계속 이어지고 있다. **오존층 파괴**의 원인인 프레온 가스(chlorofluorocarbon, CFC)를 비롯하여 화석연료 사용으로 인한 **산성비, 지구온난화, 미세먼지, 스모그**뿐만 아니라 산업폐기물의 유출에 따른 **수질 및 토양오염**도 그 예이다(그림 2.1).

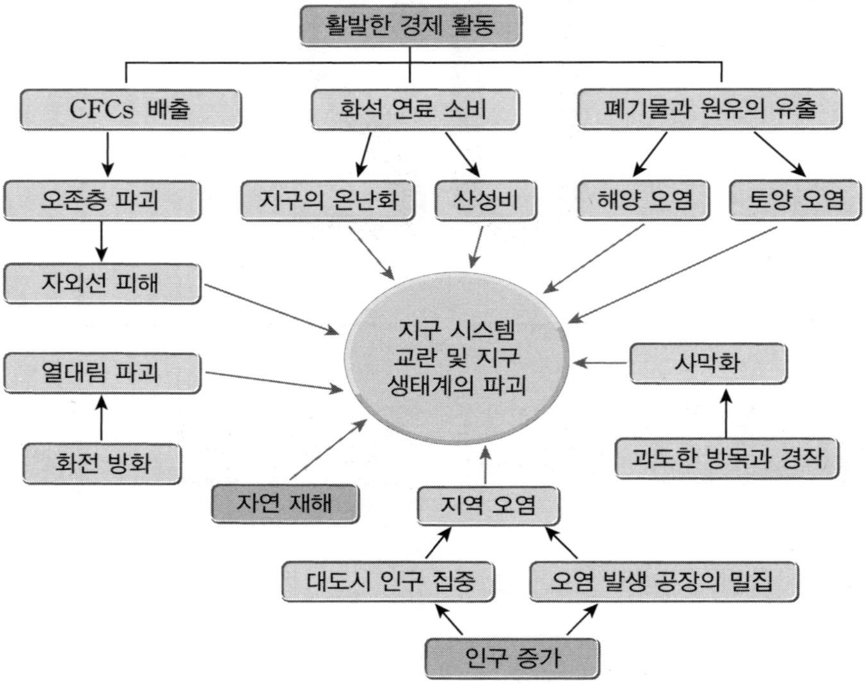

그림 2.1 활발한 경제활동으로 인한 환경오염의 종류들

이러한 대기오염과 수질오염 등이 지구 환경을 악화시키고 있다. 물론 화산폭발이나 우주 공간에서의 소행성 충돌 등 자연적 오염으로 인한 특수한 환경적 요인이 있을 수 있지만, 인간이 화석연료를 사용하면서부터 환경오염이 급속도로 진행되었다고 해도 과언이 아니다.

이를 극복하기 위해 전 세계적으로 환경을 치유하기 위한 노력이 많이 진행되고 있다. 그린 정책을 통한 친환경 연구가 바로 그 예이다. 압축천연가스(compressed natural gas, CNG), 액화천연가스(liquefied natural gas, LNG) 등의 천연가스를 활용하여 CO_2 배출(물론 CO_2 배출이 과하면 문제지만, 적절한 CO_2 배출은 광합성과 더불어 생태계에서 필요한 부분이다)을 감축시키거나 수소연료, 풍력에너지, 지열에너지, 조력에너지, 수력에너지, 태양에너지, 폐기물에너지 등의 대체에너지를 개발하기 위해 노력하고 있다. 이처럼 화석연료의 사용을 최대한 지양함으로써 수질오염이나 대기오염 등의 원천적인 요인들을 제거하는 것이다.

2.1 깨끗한 물, 정수

오늘날 물은 금처럼 귀하다 하여 '블루골드'라 불리고 있다. OECD의 발표에 따르면 2050년에 한국은 물 부족 국가가 된다고 한다. 그만큼 이 발표는 물의 중요성에 대해 내포하고 있다. 이처럼 오염된 물을 비롯해 바닷물(해수) 및 빗물·지하수 등은 어떤 기술을 통해서 식수(음용수; 마시기에 적합한 물)나 생활용수, 농업용수, 산업용수 등으로 전환하여 활용할 수 있을까?

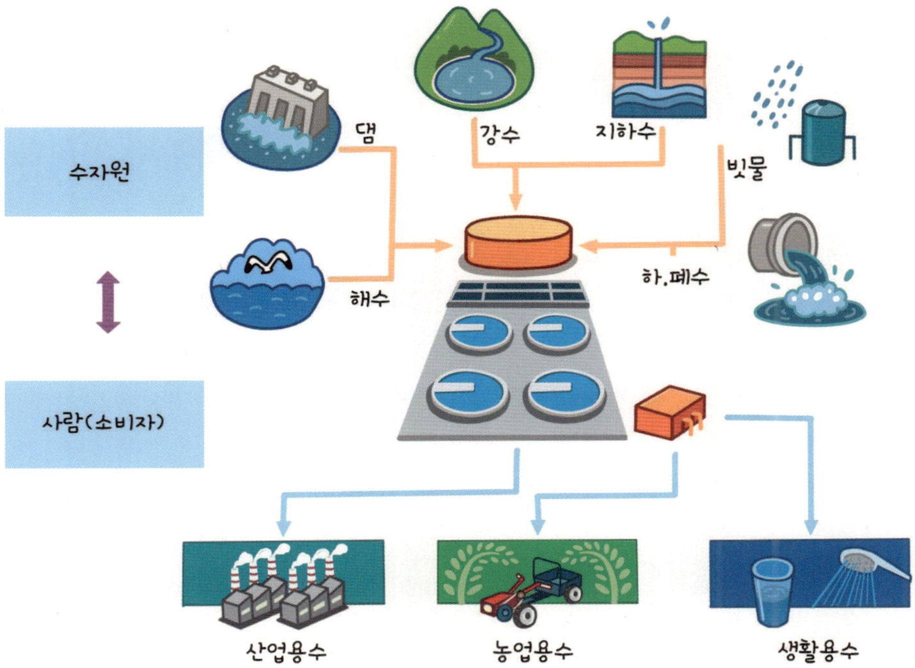

그림 2.2 다변화되는 수도 취수원 [출처: Byeon et al., 2015]

2.1.1 개요

오늘날의 가정에는 대부분 정수기(water purifier)가 설치되어 있으며, 손쉽게 '정수 버튼'만 누르면 바로 깨끗한 물을 마실 수 있다. 물론 지속적이고 정기적인 관리를 받아야 하지만, 우리에게 상당한 편리함을 가져준다는 것은 변함이 없다.

정수(water purification) 처리란 수질을 사용 목적에 적합하게 정화하는 과정을 말한다. 통상적으로 부유성 물질은 침전과 여과방식으로 제거하고, 용해성 물질은 활성탄과 제올라이트 등의 흡착제를 사용하여 처리한다. 여기서 제올라이트(zeolite, 비석)의 성분은 알루미늄과 실리콘 산화물이며 다공성(기공이 많은 성질) 구조로 되어 있다. 이러한 기공 크기에 따라 공업 촉매, 항균제, 탈취·소취제, 흡습제, 건축 자재, 水 정화제, 사료 첨가제 등 여러 용도로 사용되고 있다.

궁극적으로는 화학구조의 성분 및 시공 크기를 제어함으로써 다양한 기능을 구현할 수 있는 제올라이트의 제조가 가능하다.

그림 2.3 제올라이트(좌)와 숯, 모래, 제올라이트를 이용한 정수 필터(우)
[출처: ©Regina Pryanichnikova, Reload Design/Shutterstock]

한편, 정수기의 핵심기술은 **이온교환수지**(ion exchange resin)와 **역삼투**(reverse osmosis, RO)막인데, 일반인에게는 이러한 용어들이 낯설 수 있다. 정수기의 구성은 대부분 여과장치, 이온교환수지 그리고 역삼투막으로 되어 있다.

여과장치는 제조업체에 따라 조금씩 차이가 있으나, 대부분 활성탄(activated carbon, AC) 여과장치가 설치되어 있다. 이런 활성탄은 비표면적이 크고, 오염원에 대한 흡착력이 우수한 기공이 많은(다공질) 숯 성분으로 미생물 이외에도 먼지(dust)나 VOC(volatile organic compound, 휘발성 유기화합물) 등도 걸러내는 우수한 효과가 있다.

일반적으로 단물(soft water)은 비누칠이 잘 되고 센물(hard water)은 비누칠이 잘 안 된다. 왜냐하면 센물은 2가의 양이온들이 비누 분자와 반응하여 물에 녹지 않는 불용성 침전물을 만들기 때문이다. 이때 이온교환수지(ion exchange resin) 방식을 센물에 적용하면 센물의 2가 양이온들을 화학적으로 제거할 수 있다.

2.1.2 기본 원리

정수처리 기술은 바닷물(해수)의 염분과 미세한 중금속을 걸러내 주는 해수담수화(역삼투) 기술과 사용한 생활하수를 재활용하거나 빗물, 지하수에 포함된 세균·유해물질 등을 제거할 수 있는 기술 등이 있다.

이온교환수지의 원리는 간단히 말해 구슬(bead) 형태의 수지를 물에 넣거나 통과시킴으로써 그 속의 금속 양이온 음이온을 교환하여 깨끗한 물을 만드는 방식이다. 이때 수지의 형태를 구슬로 만드는 이유는 취급이 편리하고, 닿는 면적을 최대화시켜 흡착 효율성을 증대시키기 위함이다. 이온교환수지의 교환반응은 가역반응이기 때문에 수시로 확인을 하여 원치 않는 이온들이 걸러지지 않도록 관리를 해야 한다. 왜냐하면 역반응일 경우 걸러진 오염원들이 물속으로 다시 회귀할 수 있기 때문이다.

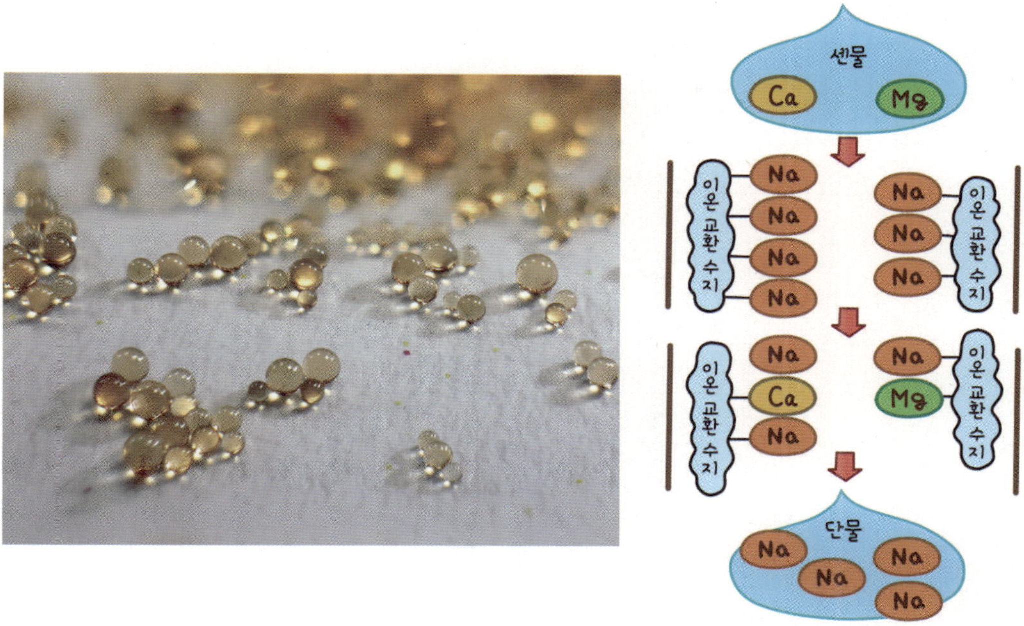

그림 2.4 이온교환수지와 그 원리 [출처: ©Stig Helmer/Shutterstock]

다음으로 역삼투막을 살펴보기에 앞서 몇 가지 용어들을 정리해 보자.

표 2.1 살균제 및 천연 살균제의 용도

투과성	물질이 통과되도록 허용하는 성질
반투막	물 분자의 크기만 통과하고, 이온이나 더 큰 분자는 통과하지 못하게 하는 막
삼투	반투막을 거쳐 저농도 용액에서 고농도 용액으로 물 분자가 이동하는 것

역삼투는 삼투의 정반대 용어로 고농도 용액에서 저농도 용액으로 이온들을 이동시키는 원리이다. 이러한 원리를 이용하는 대표적인 예가 해수담수화 기술인데, 여기서 역삼투막은 주로 바닷물(해수)의 금속 양이온들을 제거하여 식수로 만드는 데 있어 중요한 역할을 하는 재료이다.

2.1.3 정수처리 기술

유해 폐기물은 수질오염을 발생시키는 산업폐기물, 가정 폐기물 등을 의미한다. 모든 산업 분야에 필수로 사용되는 화합물 및 용매 등은 오염물질과 부산물이 발생하기 때문에 그로 인해 환경에 좋지 않은 영향을 주고 있다. 표 2.2는 각 산업 분야에서 생성되는 오염물질을 정리하여 나타낸 것이다.

표 2.2 산업용 제품으로부터 발생되는 오염물질 및 생성물

제품	오염물질
플라스틱	용매, 유기염소화합물
농약	유기염소화합물, 유기 인산염화합물
의약품	용매, 수은 또는 아연 중금속
페인트	용매, 금속, 안료, 유기 잔여물
석유 제품	용매, 오일, 산, 알칼리
금속	금속, 오일, 산, 플루오린화물, 사이안화물
가죽	크롬 또는 아연 중금속
섬유	용매, 금속, 안료, 유기염소화합물

[출처: 생활속의 화학, 화학교재연구회, 사이플러스, 제7장 모든 곳에서 필요로 하는 물]

정수처리는 크게 응집(침사), 침전, 여과 그리고 소독(살균) 네 가지로 분류할 수 있다. 첫 번째 과정인 응집(침사) 처리는 불순물을 제거하는 공정으로 화학 약품인 응집제(황화 알루미늄, 염화 철, 황화 철 등)를 첨가하여 입자 간의 전기적 반발력을 감소시켜 서로 뭉치게 하여 침전시키는 방식이다. 즉, 응집제를 사용하여 불순물을 가라앉히는 것이다.

두 번째 과정인 침전 처리는 중력에 의한 부유물질을 제거하는 것으로, 이때 침전 공정의 물리적 공간은 침전 효율을 높이기 위해 표면적을 넓히는 것이 좋다.

세 번째 과정인 여과 처리는 부유 물질을 다공질(기공 多) 층에 통과시켜 분리 후 제거하는 방식으로 주로 모래층을 활용하며, 효율을 높이기 위해 여과 속도와 추진력 및 모래층의 수를 다변화하기도 한다.

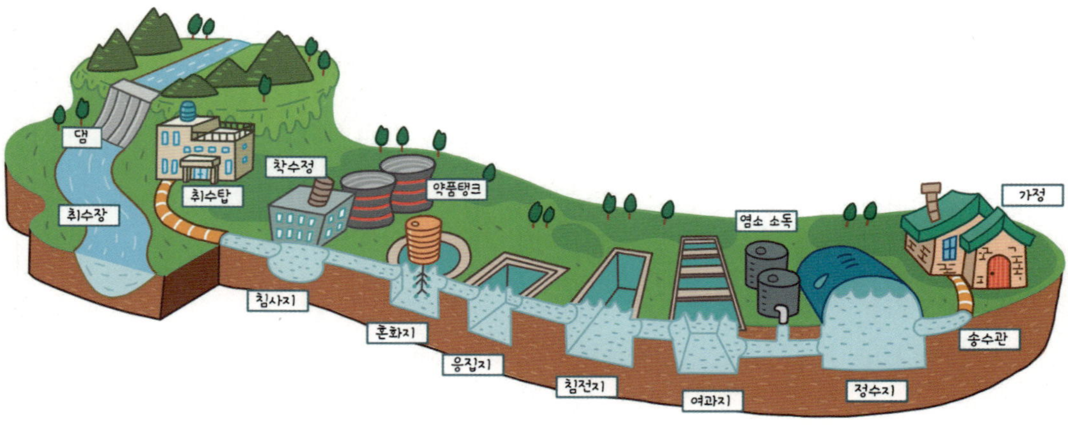

그림 2.5 정수처리 과정

마지막 과정인 소독(살균) 처리는 바이러스나 세균, 미생물 및 기타 오염원들의 제거가 목적이다. 소독제로는 염소, 이산화염소, 오존 및 자외선(UV) 등이 사용된다. 특히 염소는 살균력이 우수하고 잔류 염소가 보전되며, 취급이 쉽고 경제적이라는 강점이 있어서 많이 활용하고 있다. 하지만 염소 소독 시 트리할로메테인(trihalomethane, THM)과 같은 해로운 유기화합물이 발생할 수 있으므로 사용에 주의가 필요하다.

| 해수담수화 기술

앞에서 언급한 것처럼 앞으로의 물 부족 상황을 인지함에 따라 그 대안으로 수자원 확보 방안 사업이 진행되고 있다. 해수담수화, 인공강우 및 중수소 등의 수자원 개발 사업이 그 예이다. 여기서 인공강우는 구름 속에 드라이아이스나 요오드화 은(AgI)과 같은 구름 씨(cloud seed)를 뿌려 인위적으로 비가 오게 하는 것을 말한다. 중수소는 사용된 수자원을 생활용수, 산업용수 등으로 재사용이 가능할 수 있게 처리하는 시설을 말한다. 지하수도의 대안으로도 언급되었지만, 과도한 사용에 따른 지반 침하(싱크홀 등) 및 수질오염이 발생하기 때문에 여기서는 해수담수화 기술에 대해 자세히 살펴보고자 한다.

지구의 물 중 해수는 약 97.5%를 차지하고 있다. 다음으로 담수가 약 2.5%로 호수 하천, 지하수 및 빙하 등이 여기에 포함된다(그림 2.6). 우리가 현재까지 식수로 사용된 물은 모두 담수(2.53%)를 의미한다. 이러한 담수의 원천은 대부분 해수로부터 증발된 구름이다. 앞으로는 약 97.5%의 해수를 담수로 활용하기 위해서는 해수담수화 기술이 핵심이라 할 수 있겠다.

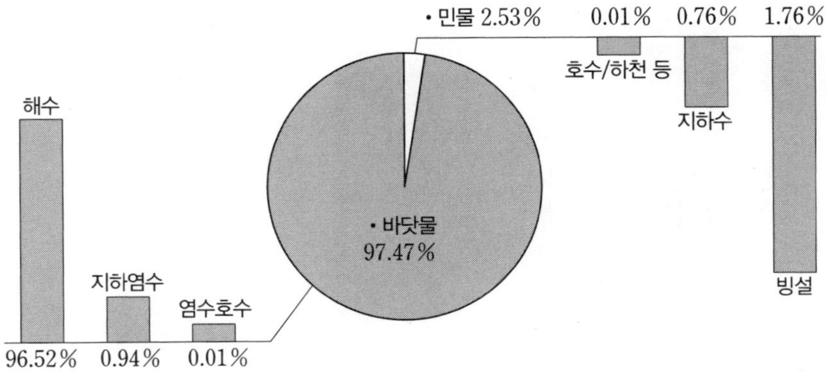

그림 2.6 지구상에 존재하는 물 분포 현황 [출처: 한국수자원공사]

해수담수화 기술은 역삼투법(reverse osmosis, RO) 원리가 가장 많이 적용된다. 열원을 이용하는 증발법(다단 증발법(Multi-Stage Flash. MSF), 다중 효용법(Multi-Effect Distillation, MED))을 비롯해 이온교환막법, 결정화법, 용제추출법 등이 해수담수화 기술에 적용되고 있다.

현재 가장 많이 보편화된 해수담수화 기술은 MSF, MED, RO 세 가지 기술이며, RO와 MSF 또는 MED 하이브리드 생산 방식이 적용되는 경우도 있다. 두산중공업(주)은 아랍에미리트(UAE)에 RO와 MSF가 혼용된 하이브리드 방식의 해수담수화 플랜트를 세계 최초로 적용하였다.

역삼투막 기술은 반투막(semi-permeable membrane)을 거쳐 고농도 용액에서 저농도 용액으로 물 분자를 이동시키기 위해 [그림 2.7]과 같이 고농도 용액에 압력을 가하는 것이다. 좀 더 자세히 살펴보면, [그림 2.8]에서처럼 물 분자 수준의 크기만 반투막을 통과(투과)하고 물 분자 크기보다 큰 분자 및 이온 등은 투과하지 못하는 것을 관찰할 수 있다.

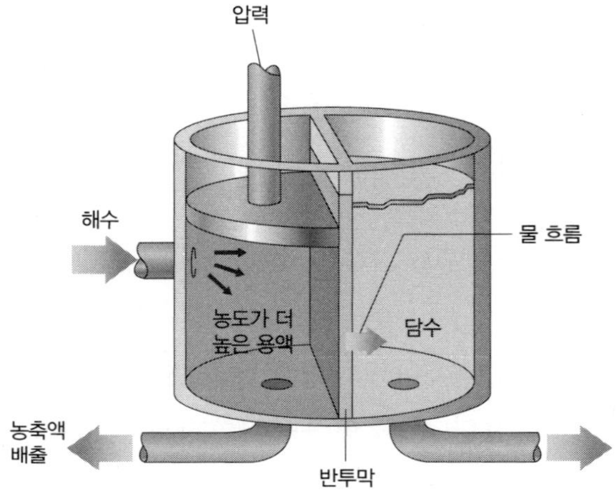

그림 2.7 역삼투를 이용한 해수담수화

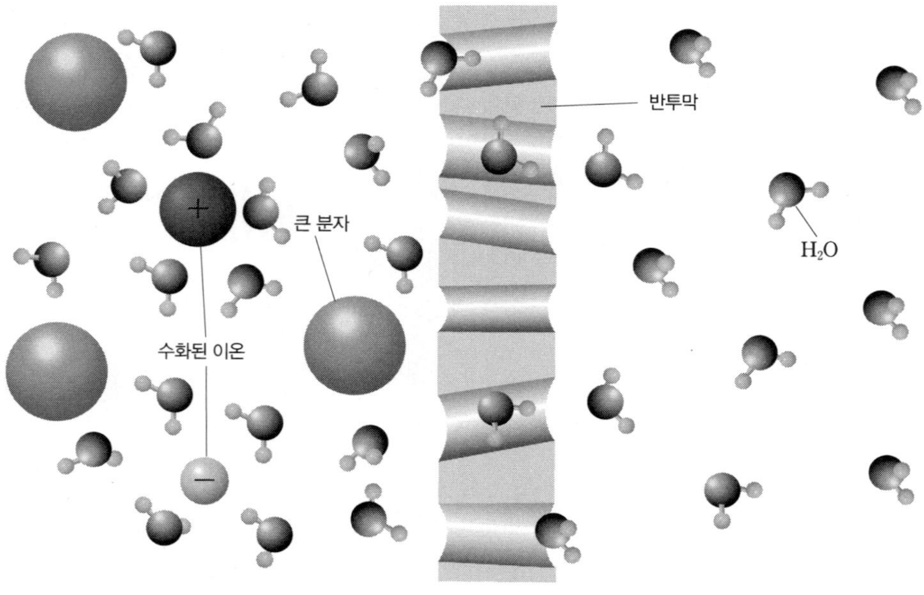

그림 2.8 나노 범위 수준의 역삼투

위의 역삼투 기술을 적용하면 해수의 염분제거 효율이 99 % 이상의 매우 높은 수준이라고 한다.

한편 음용수(마시기에 적합한 물)를 비롯한 생활용수 등은 모두 [그림 2.9]와 같은 정화과정을 거치게 된다. 각 단계마다 미지의 불순물, 균류 및 오염원 등이 어떻게 제거되는지 색으로 나타내었다. 일례로 위의 역삼투 기술은 기존의 미처리수에서 정화과정을 거쳐 정수로 처리될 때 병원균(녹색)을 제외한 모든 오염원이 제거되는 것을 확인할 수 있다. 하지만 증류, 역삼투, 탄소여과법 등 세 과정 모두 공통으로 병원균이 완벽히 걸러지지 않는다는 것을 확인할 수 있다. 이는 필터처리 후에도 병원균이 남게 되므로 이후의 추가적인 공정(염소 소독 또는 다른 살균작용)을 통해 반드시 병원균을 제거해야만 음용수로 활용할 수 있다는 것을 보여준다.

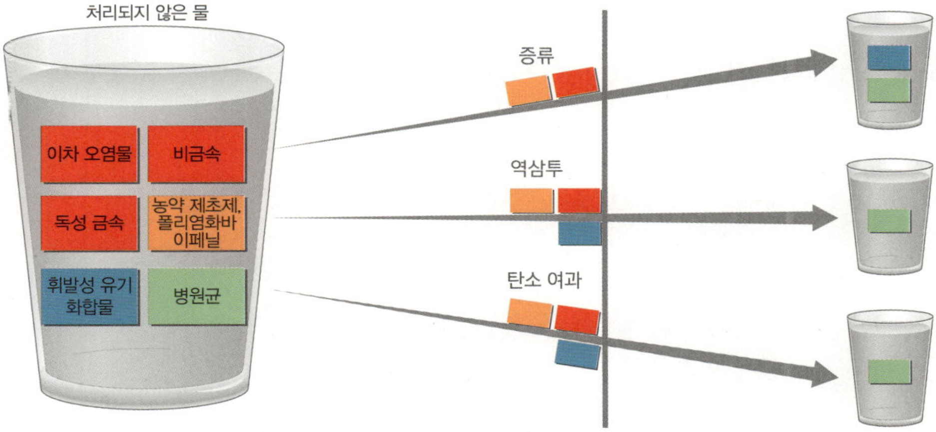

그림 2.9 증류, 역삼투, 탄소여과법의 정화과정

여기서 탄소여과는 활성탄(activated carbon, AC) 필터를 적용한 기술이며, 흡착제 및 촉매기술 분야에 광범위하게 적용되고 있다. 특히 흡착 또는 비표면적, 기공 크기 등의 우수한 물리·화학적 성질을 가지고 있어서 대용량의 화학적· 전기화학적·생화학적 및 환경산업 분야에 폭넓게 응용되고 있다.

| 이온교환 연수 장치

센물(hard water, 경수)은 대부분 Ca^{2+}, Mg^{2+}, Fe^{2+}과 같이 2가 양이온, 황산이온(영구적 센물, SO_4^{2-}), 탄산수소 이온(일시적 센물, HCO_3^-) 등의 음이온을 포함하고 있다. 통상적으로 센물에는 비누칠이 잘 안 되고 침전물이 발생하는 것을 확인할 수 있는데, 이는 2가 양이온이 비누 분자와 반응하여 물에 불용한(녹지 않는) 찌꺼기를 만들기 때문이다. 일시적 센물인 탄산수소 이온을 포함하는 탄산칼슘($CaCO_3$)이나 탄산마그네슘($MgCO_3$)의 경우 가열을 통해 2가 이온이 제거되어 단물(soft water)로 전환된다. 영구적 센물인 황산이온을 포함하는 황산칼슘($CaSO_4$)

과 황산마그네슘($MgSO_4$)은 일시적 센물과 달리 가열을 통해 단물화할 수 없다. 즉, 화학적인 방법으로 2가 양이온을 제거해야 하는데, 이때 이온교환수지(ion exchange resin) 방식을 적용한다. 양이온 교환수지(양이온의 제거)로 교환되는 이온이 양이온이고, 음이온 교환수지(음이온의 제거)로 교환되는 이온이 음이온인 것이다.

가정용 이온교환 연수 장치는 경수(센물) 안에 포함된 Ca^{2+}과 Mg^{2+}을 선택적으로 포집하고 제거하는 원리를 이용한다. 이온교환수지는 이온을 서로 교환시키는 작은 구슬(bead) 형태의 고분자 물질이다. 통상적으로 이온교환수지는 수지 표면에 (−)전하를 갖는 작용기를 포함하고 있으며, Na^+ 이온과의 이온 결합을 통해 흡착된 상태로 존재한다. 이러한 이온 교환 수지를 Ca^{2+}과 Mg^{2+}이 존재하는 경수(센물)에 첨가할 경우 Na^+의 1가 양이온 보다 2가의 양이온인 Ca^{2+}과 Mg^{2+}이 더 높은 전하를 띠고 있으므로 기존의 Na^+에 자리를 빼앗음과 동시에 수지 구슬에 더 강하게 흡착·결합하게 된다. 이때 이탈된 Na^+은 이온 교환 수지 주변에 이온 형태로 배회한다(그림 2.10).

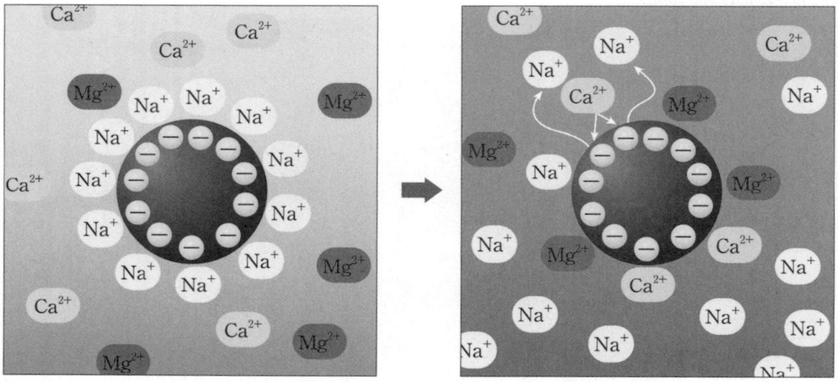

그림 2.10 이온교환 연수 장치에서의 이온교환 원리

이러한 이온교환수지의 용도는 다음 표 2.3에서 살펴볼 수 있다.

표 2.3 이온교환수지의 용도

특성	응용분야
제거	불순물 이온 제거, 포르말린 속의 폼산 제거
정제	수크로스(자당 또는 설탕), 물엿, 알코올, 유지, 가스 등 정제
이온의 분리 추출	희토류 원소, 비타민, 알칼로이드, 아미노산 등 추출
치환 및 촉매	이온의 치환, 촉매
정량 분석	크로마토그래피 분석

2.1.4 수질오염으로 인한 질병

물에서 종종 발견되는 독성 원소를 알아보자. 수은(Hg)은 매우 흔한 중금속이며, 상온에서 액체의 원소 모양을 갖고 있고, 휘발성으로 인해 반짝거리는 성질을 가지고 있다. 그런데 인간의 몸은 수은을 잘 제거하지 못하기 때문에 반복적인 노출로 수은의 독성 효과가 누적될 경우 미나마타병을 초래할 수 있다. 또한 태아에게는 언청이나 뇌 손상 및 죽음에까지 이르게 하는 등 큰 악영향을 줄 수도 있다.

납(Pb) 또한 널리 알려진 중금속으로 수은처럼 납도 반복적인 노출로 인체 내에 축적된다(납중독). 또한 태아가 미숙아로 출산되거나 사산할 수도 있다.

비소(As) 및 비소화합물은 많은 식품에 소량으로 존재하는데, 공유 결합 화합물을 형성할 때보다 이온 형태에서 훨씬 더 독성을 띠는 무서운 물질이다. 이온 형태의 비소는 사람의 피부와 폐 그리고 간에 작용한다. 그 외에 이타이이타이병을 유발하는 카드뮴(Cd)은 사람의 콩팥과 폐에 좋지 않은 영향을 미친다.

표 2.4 독성 원소에 따른 질병과 증상

독성 원소	질병과 증상
수은(Hg)	미나마타병: 주로 수은에 오염된 어패류를 많이 섭취할 경우 수은 중독으로 발생되는 신경학적 증후군이다. 증상: 태아의 언청이, 뇌 손상, 뇌성소아마비 등
납(Pb)	납중독: 흡입이나 섭취를 통해 납이 혈류로 들어와서 뼈, 신체 조직에 저장되는 것을 의미한다. 증상: 태아의 미숙아, 사산, 소화기계 증상, 빈혈, 신경계 증상 등
비소(As)	비소중독: 비소화합물 또는 가스를 흡입·섭취하여 발생하는 질병으로 주로 살충제, 화장품 사용자 및 화학공업 종사자에게 발생한다. 증상: 피부 점막, 강한 구토, 설사, 호흡중추 마비 등
카드뮴(Cd)	이타이이타이병: 카드뮴의 체내 축적에 따라 칼슘이 줄어들면서 석회화되지 않은 뼈 조직이 증가하여 뼈가 약해진다. 증상: 콩팥, 폐 등의 신체 기관에 악영향

최근 이러한 유해 폐기물을 감소시키기 위해 정부에서 많은 노력을 기울이고 있으며, 친환경 흐름에 맞는 재사용 및 재활용 등의 회수공정 기술이나 중금속을 선택적으로 제거할 수 있는 흡착·포집 기술에 대한 연구개발이 활발히 이루어지고 있다.

2.2 정화된 공기

황사, 산성비, 스모그 및 지구온난화 등 대기오염을 해결할 수 있는 공기정화 기술에 대해 알아보자. 국가의 경제정책은 과학기술을 견인하게 된다. 표 2.5를 보면 미세먼지 종합대책만 하더라도 대기오염을 줄이기 위해 노후 경유차 폐차, 친환경 자동차 보급 및 차량 2부제(짝수 홀수제), 대중교통 활성화 등 국가적으로 정책 슬로건을 내놓고 있다. 이에 발맞추어 R&D 분야는 생활용으로 마스크, 공기 청정기 이외에도 산업용으로 공장의 집진 장비 설치, 화석연료 사용 감축 및 대체에너지 개발을 비롯해 이산화 탄소(CO_2) 저감 기술 등과 관련된 기술의 개발에 집중하고 있다. 현재도 마찬가지지만 앞으로도 '친환경 트렌드!', 'Eco!', 'Green!' 등 과학기술은 대부분 환경친화형으로 접근해야 한다는 사실을 연구자라면 늘 머릿속에 각인하고 있어야 한다.

표 2.5 미세먼지 대책 주요 과제

구분		주요 과제
국내배출 감축	발전	· 공정률 낮은 석탄발전 원점 재검토 · 노후발전소 봄철 가동중단 및 임기 조기폐지
	산업	· 사업장 총량관리지역 확대 · 다량배출 사업장 등 배출허용기준 강화
	수송	· 조기폐차 등 노후 경유차 저공해화 확대 · 엔진교체·저감장치 부착 등 노후건설기계 저공해화 확대 · 전기·하이브리드차 등 저공해차 보급 확대
	생활	· 도로 먼지 청소차 보급 확대 · 가정용 저녹스 보일러 보급 지원 확대 · 불법소각 감시·단속 강화
국제협력		· 한·중 정상회의 의제로 미세먼지 문제 논의 · 한·중 환경협력센터 신설 및 상시 협력 · 동북아청정대기파트너십 체결 및 다자간 협력 강화
민감계층 보호		· 선진국 수준으로 미세먼지 환경기준 강화 · 미세먼지 고농도시 비상저감조치 시행 · 학교, 어린이집, 유치원 등 공기정화장치 설치 지원
정책기반		· 범부처 미세먼지 R&D 등 과학적 연구·관리 강화 · 미세먼지 특별법 등 입법 추진

[출처: 미세먼지 관리 종합계획, 환경부(2019)]

2.2.1 개요

대기권은 높은 고도부터 열권, 중간권, 성층권, 오존층, 대류권으로 구성된다. 이 중 오존층의 파괴로 인한 **지구온난화**는 지구의 평균 온도 상승을 비롯해 해수면 상승 및 적설량을 감소시키고 있다. 현재 우리나라도 사계절을 느끼기가 쉽지 않다. 오존층 파괴가 지속된다면 강한 햇볕 때문에 농산물의 생산량이 감소할 것이고, 사람이 장시간 노출될 경우 피부암과 백내장의 발병률이 증가할 것이다. 그림 2.11과 2.12를 보면 이러한 추세라면 향후 70년 후 지구에서는 그야말로 인간을 비롯한 생명체가 살기 어렵게 될 것이다.

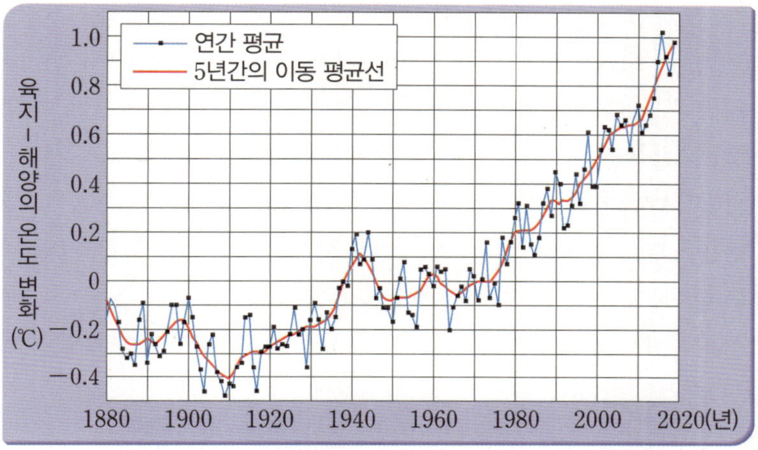

그림 2.11 지구온난화에 따른 육지-해양의 온도 변화 그래프 [출처: 위키피디아, NASA GISS]

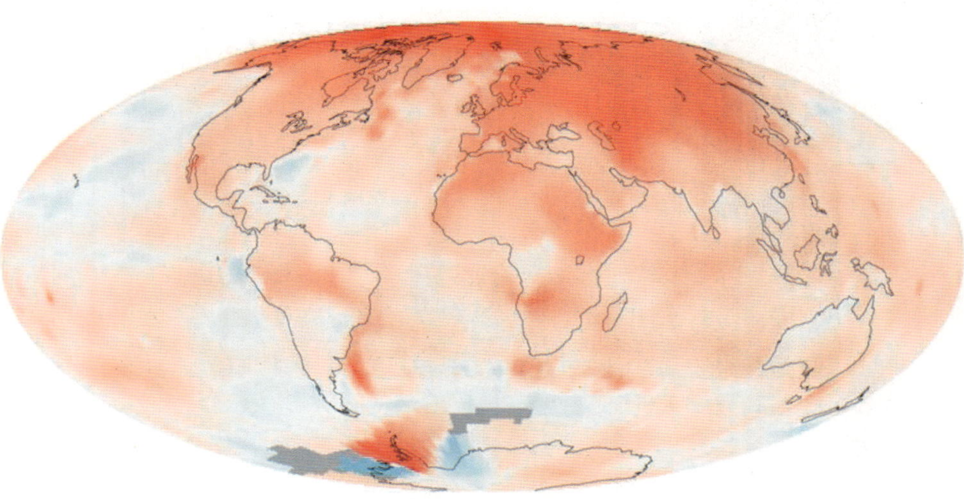

그림 2.12 2000년부터 2009년까지의 10년 동안의 세계 기온 변화 지도
[출처: 위키피디아, NASA Earth Observatory]

'6도의 멸종'이라는 책이 있다. 지구의 평균 기온이 1 ℃씩 오를 때마다 어떻게 지구가 변화하는지를 기술한 책이다. 책에서는 다음과 같이 서술하였다.

+1 ℃	세계 곳곳의 극심한 가뭄
+2 ℃	세계 주요 항만도시 침수
+3 ℃	'지구의 허파' 아마존 붕괴
+4 ℃	지구 전역의 빙하 소멸
+5 ℃	전 지구적 기상이변 속출
+6 ℃	오존층 파괴, 인류대멸종

지난 10년 동안 지구의 평균 기온은 불과 0.4 ℃ 밖에 오르지 않았지만, 태풍이나 폭염, 한파 등을 비롯한 이상 기후현상이 전 세계적으로 속출하고 있다. 뜨거워진 바닷물이 태풍의 주 에너지가 되어 초대형 태풍이 되었다고 한다. 그 내막에는 지구온난화가 있는 것이다. 태평양의 작은 섬나라인 키리바시 국가는 이미 생활권역 안에 침수가 자주 일어나고 있다. 최근 남극 빙하의 가장자리 부분이 빠르게 허물어지고 있는 연구 결과가 나왔다. [그림 2.13]과 같이 잔디가 있는 지형이 자주 발견되고 있고, 이러한 지형의 개체 수 또한 증가하는 추세라고 한다. 평균 기온 또한 지난 2019년에 비해 올해 2020년에는 1도 정도 상승하였다고 한다. 이처럼 기후변화가 가시화되면서 어떠한 부작용이 다가올지 우려 목소리도 나오고 있다.

그림 2.13 지구온난화로 인해 녹는 남극의 빙하 [출처: ©Marten_House/Shutterstock]

2.2.2 대기오염의 원인

지구온난화를 비롯해 **대기오염**에 대해 좀 더 자세히 들여다보면, 크게 인위적인 대기오염과 자연적인 대기오염으로 구분할 수 있다. 인위적 대기오염의 예로는 '중국 동부의 오염원이 황사를 타고 한반도로 확산', '농경지에 뿌린 비료가 바다로 흘러들어가 적조 현상을 발생', '열대 우림을 파괴하여 대기 중 이산화탄소의 농도 증가', '수은이 축적된 참다랑어를 먹은 사람의 수은 중독' 등을 들 수 있다. 반면 자연적 대기오염의 예로는 '화산폭발로 화산재가 바람을 통해 북반구 전체로 확산' 등이 예가 될 수 있다.

자연적 대기오염 인위적 대기오염

그림 2.14 자연적·인위적 대기오염 [출처: ©ahmad zikri, Anastasiia Tymoshenko/Shutterstock]

대기오염의 주원인으로 손꼽히는 스모그(smog)는 'smoke'와 'fog'의 합성어로 연기, 안개, 공기 및 다른 화학물질이 섞여 있는 유독성 혼합물로 정의된다. 1차 오염물질 방출인 산업 스모그(석탄 연소와 같은 산업 활동으로 발생하는 스모그)와 2차 오염으로 연결될 수 있는 광화학적 스모그(공기 중 화학반응이나 광에 의해 활성화되어 형성되는 스모그) 등으로 분류된다. 특히 아침 출근 시간에 1차 오염물질이 높은 수준으로 방출되고, 이어서 2차 오염물질이 생성된다.

표 2.6 1차 오염물질과 2차 오염물질

1차 오염물질	2차 오염물질
산화 질소(NO)	질산 이온(NO_3^-)
이산화 질소(NO_2)	질산(HNO_3)
이산화 황(SO_2)	삼산화 황(SO_3)
일산화 탄소(CO)	황산($H2NO_4$)
이산화 탄소(CO_2)	황산 이온(SO_4^{2-})
탄화수소	유기 과산화물
재	오존(O_3)

이때 공장 및 자동차 배기가스 등 황이 포함된 연료로부터 이산화 황, 아황산, 황산화물 등이 생성되면서 빗물의 pH를 낮춘다. 연소된 연료로 인해 공기 중 질소와 산소가 반응하여 질소산화물이 생성되며, 이 물질이 빗물과 섞여 질산이 되어 산성비의 주원인이 되는 것이다. 또한, 산성비는 수치상으로 수소 이온의 농도(pH)가 5.6 미만의 비로 정의된다. 이러한 산성비의 폐해는

[그림 2.15]에서와같이 산림의 폐해와 고전 석상의 손상을 비롯해 문화재, 건축구조물, 예술품 등의 손상을 일으켰다. 다음 반응식처럼 산성비(H_2SO_4)가 칼슘(Ca^{2+})을 포함하고 있는 암석($CaCO_3$)과 만나는 경우 석고($CaSO_4$)가 형성되며, 석고는 물에 약간 녹기 때문에 석상 예술품 등이 서서히 손상되는 것이다.

$$CaCO_3(s) + H_2SO_4(aq) \longleftrightarrow CaSO_4(s) + CO_2(g) + H_2O(l)$$

그림 2.15 산성비로 인한 산림의 훼손과 석상의 손상 [출처: ©Mary Terriberry, Vandathai/Shutterstock]

따라서 우리는 경각심을 가지고 지금부터라도 환경보호를 실천해야 할 것이다. 예를 들어 오존층의 파괴를 감소시키고 지구온난화를 막기 위해서 화석연료 소비를 줄이고 바이오 디젤 연료나 수소연료, 태양광 같은 대체에너지를 개발하거나 원자력 발전, 핵융합, 풍력 발전 등 차세대 에너지 개발에 힘써야 한다. 신재생 에너지에 대해서는 2.3절에서 자세히 다루도록 하겠다.

2.2.3 공기정화의 종류와 기본 원리

| 공장 유해가스 정화(방전에 의한 이온화 방식)

화석연료의 사용으로 공장 굴뚝을 통해 유해가스 및 불순물의 성분이 대기로 분출되어 대기오염이 발생하게 된다. 따라서 공장 굴뚝에 유해가스 등이 방출되지 않도록 집진장치 설치(유해가스 포집 기술)를 의무화하고 있다. 다음 [그림 2.16]은 전기 집진장치를 나타낸 것이다. 먼저 수천 볼트의 고전압에 의해 전극 주위에 플라스마가 만들어진다. 여기서 플라스마는 전자와 이온 상태로 전기를 잘 통하게 하는 것이라고 보면 된다. 다음으로 중심부에 음이온(-)으로 대전된 전극을 설계하고 공장에서 나오는 각종 유해가스 등 오염원을 외부로 배출시키면 유해가스 입자가 중심부의 음전하와 함께 올라오게 된다. 이때 오염 입자는 양이온(+)으로 정전기적 인력에 의해 대전된 집진기 벽 부분으로 끌리게 되고 깨끗한 기체만 위로 통과하게 된다. 이후에 오염 입자는 수집 통으로 떨어져 포집되는 원리이다.

공장에서 집진 설비가 작동하는 굴뚝의 경우 위의 화학원리를 통해 오염원, 유해가스 및 매연 등이 걸러지게 되고 깨끗한 공기만 대기권으로 방출된다. 이때 여과 집진장치(bag filter)의 소재로는 폴리페닐렌설파이드(polyphenylene sulfide, PPS)나 폴리테트라 플루오로에틸렌(polytetrafluoro-ethylene, PTFE, 테프론) 등이 사용된다.

PPS 소재를 활용한 여과 집진장치의 경우 교환 주기는 2~3년 정도 된다고 한다. 또한 PTFE의 경우 생활 속에서 많이 사용되는 소재인데 프라이펜이 그 예로서 발수 발유의 성질을 가지고 있어 물과 기름 둘 다 친하지 않은 특이한 현상을 보이는 물질이다. PTFE는 의류용 고어텍스 소재로서 라미네이팅 필름으로도 적용되고 있다.

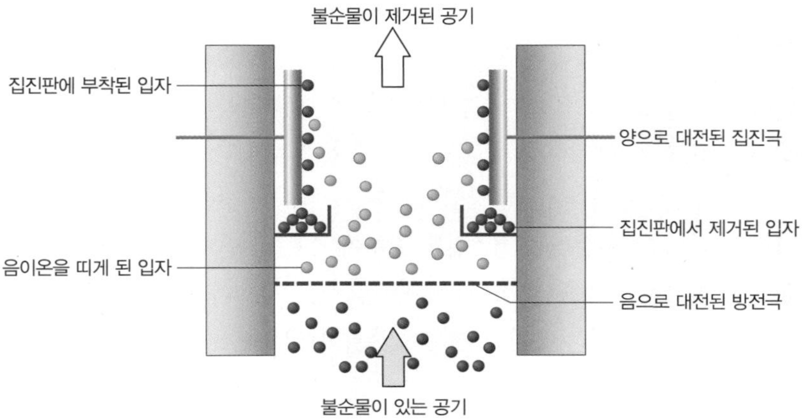

그림 2.16 이온화 방식으로 먼지를 제거하는 원리

| 재활용

2020년, 코로나19 감염증으로 인해 일회용 제품의 사용량이 걷잡을 수 없이 늘고 있다. 이에 '친환경 소비자'가 화두로 떠오르고 있다. 친환경 소비자란 환경보호를 위해 플라스틱을 줄이는 소비 운동이라 할 수 있다. 공장에서 생산되는 플라스틱을 비롯한 다양한 제품 등이 포장되어 생활 속에서 많이 쓰고 있는 게 현실이다. 따라서 제품화하는 데 있어 불필요한 포장 단계를 생략하거나 없애게 되면, 그만큼 대기의 질도 개선될 수 있을 것이다. 일례로 음료 제품에 딸려오는 빨대 제품을 소비자가 사용하지 않고 반납하거나 빨래 세제 대신에 천연 열매를 사용하는 경우이다. 또한 기존의 플라스틱 용기에 담은 액체 주방 세제가 사용되었는데, 이제는 플라스틱이 필요 없는 고체 주방 세제로 대체 사용하거나 장을 볼 때 비닐봉지의 사용이 없게 천연 면 주머니를 사용한다고 한다. 이와 같은 가치 소비 트렌드에 맞춰 플라스틱 제조업체는 포장방식 등에 대한 재검토와 함께 다양한 친환경 해법을 내놓고 있다. 다시 말해, 환경을 위한 소비자의 노력이 기업을 움직였다고 볼 수 있다.

┃자동차 배기가스 정화

자동차의 매연으로부터 발생되는 이산화 탄소(CO_2), 이산화 황(SO_2) 및 그 부산물들도 대기 오염에 악영향을 미친다. 요즘 서울을 비롯한 수도권 지역의 휴게소에서도 수소스테이션(H_2 station)이 종종 눈에 띄게 발견된다. 2019년에 서울시가 친환경 수소 택시 10대를 운행한다고 보고한 바 있다. 향후 2022년 말까지 약 4년간 실시하며 이용요금이나 이용방법은 기존의 중형 택시와 유사하다고 한다. 달리는 공기 청정기인 수소 택시의 특징은 한 번 충전하면 600 km를 주행할 수 있다. 충전시간은 약 5~6분 정도이고 친환경형으로 외부의 공기가 차 안으로 유입되어 수소연료와 화학반응을 하게 되면 물을 배출하게 되는데, 이는 공기정화 효과도 있다고 한다. 일례로 1시간 운행 시 70명 정도가 숨을 쉴 수 있는 공기정화 능력이 있다고 한다.

┃실내 공기청정

요즘에는 각 가정에 한 대 이상은 공기 청정기를 갖추고 있을 것이다. 공기 청정기는 공기 중 유해 세균을 필터를 통해 제거하는 원리이다. 공기 청정기의 방식은 크게 방전 원리를 이용한 전기적 방식과 필터를 통한 여과·흡착 방식이 있다.

전기적 방식은 다시 이온 방식과 전기집진 방식이 있는데, 먼저 이온 방식의 경우 팬(Fan)을 사용하지 않는 만큼 소비전력이 낮고 소음이 적지만 필터 시간이 상당히 소요되는 단점이 있다. 반면 전기집진 방식은 팬을 사용하기 때문에 주기적으로 청소가 필요하고, 집진 효율이 상대적으로 낮지만, 유지비용이 저렴한 장점이 있다. 각 가정에 대부분의 공기 청정기는 필터 방식을 사용하게 되는데 [그림 2.17]과 같이 크게 3단계로 공기 중의 유해성분을 걸러낼 수 있다.

먼저 큰 먼지나 이물질을 제거할 수 있는 극세필터가 가장 바깥 부분에 위치하고 중간 부분

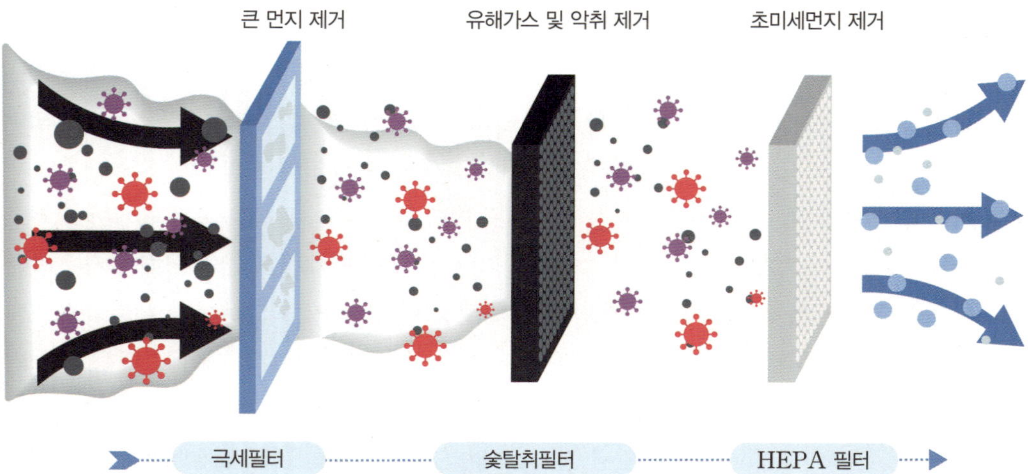

그림 2.17 공기 청정기의 필터 방식 [출처: ©1989studio/Shutterstock]

은 유해가스나 악취를 제거할 수 있는 숯탈취필터(활성탄소, AC)가 사용된다. 그리고 가장 안쪽은 초미세먼지를 제거할 수 있는 HEPA(high efficiency particulate air)필터를 사용하여 외부의 먼지(dust), 비린내(odor), 오염물을 비롯한 미세한 입자 크기의 바이러스나 저분자 화학물질, 열탈착휘발성유기화합물(Thermal-desorption volatile organic compound, TDVOC) 등을 제거해 주어 우리가 깨끗하고 정화된 공기를 흡입할 수 있게 도와준다.

2.3 신재생 에너지

신재생 에너지는 신에너지(new energy)와 재생가능 에너지(renewable energy)를 합쳐 부르는 용어로 기존 화석연료를 변환하여 적용하거나 태양광, 물, 및 생물체 등을 재생 가능한 에너지로 변환하여 사용하는 에너지를 말한다.

신에너지로는 수소에너지, 연료전지, 석탄액화·가스화 등이 있으며, 초기투자 비용이 비싸다는 단점이 있다. 재생가능 에너지는 자연 상태에서 만들어진 에너지로 환경에 유해가 가능할 수도 있다는 측면에서 대체 에너지와 구분된다. 종류로는 태양광·열, 풍력, 수력, 바이오 등이 있다. 신재생 에너지는 인구증가와 산업 발달로 화석연료에 대한 수요가 늘어나고, 화석연료의 고갈과 국제 가격 상승 및 환경개선에 대한 중요성도 높아지면서 등장하기 시작했다. 이에 따라 신재생 에너지에 대한 관심도 높아지고 있다.

| 태양에너지

태양광·열을 이용하여 전력을 생산하며, 일조 시간이 길고 맑은 날이 많은 지역일수록 무한한 자원의 태양에너지를 얻는 데 유리하다. 이런 태양에너지의 활용법은 크게 세 가지로 분류된다. 첫째, 광합성을 통한 수소 발생과 둘째, 태양열 저장 및 변환 그리고 셋째, 태양전지에 의

그림 2.18 태양에너지와 태양전지 [출처: ©PriceM, Roman Zaiets/Shutterstock]

한 전기 발생이다. 태양에너지를 적용한 사례로 태양전지와 태양열 주택, 태양전지 가로등 등이 있다. 태양전지는 태양광 에너지를 사용하여 전기 에너지를 만드는 장치이다. 태양열 주택은 태양광 에너지를 사용하여 난방을 할 수 있거나 온수를 사용할 수 있게 만들어 준다.

| 지열에너지

지하수나 지하의 열을 이용하여 전력을 생산하며, 화산 지대에서 많이 활용된다. 에너지를 얻는 방식은 인위적으로 바위에 구멍을 뚫어 물을 순환시킨 후 용암으로부터 뜨거운 열을 얻는 원리이다. 일반적으로 지표면에서 지각을 파고 들어가면 매 km당 평균 온도가 25 ℃씩 상승한다.

| 풍력에너지

바람의 힘으로 풍차를 돌려 전력을 생산하며, 날씨에 영향을 많이 받는다. 바람이 많이 부는 날의 경우 에너지의 생산량이 증가하고 적게 부는 날은 에너지의 생산량이 감소한다. 따라서 풍력발전소는 바람의 힘이 강하고 연중 바람이 잘 부는 해안, 섬, 고원 지역에 주로 자리 잡고 있다. 풍력 발전을 통해 얻는 에너지는 여러 방식으로 저장 및 이용이 가능하다. 배터리에 저장하여 전기 에너지로 활용되거나, 플라이휠에 기계 에너지로 저장할 수도 있다. 또한 낮은 곳에서 높은 곳으로 물을 펴 올려 위치 에너지로 저장하거나 사용할 수 있으며, 공기 압축에 의한 압축 공기 에너지로 사용하는 등 다양한 방식으로 응용될 수 있다. 국내에는 제주도, 동해안, 강원도 지역에 중대형 풍력발전기가 가동 중이다.

그림 2.19 지열에너지와 풍력에너지 [출처: ⓒJohann Ragnarsson, fokke baarssen/Shutterstock]

| 바이오에너지

바이오매스 에너지라고도 하며, 유기 생물계, 폐기물계 등을 분해하여 에너지를 얻기 때문에 친환경적이다. 바이오에너지의 주요 자원은 포플러 나무, 옥수수, 수생식물 등이 있다. 이 에너지는 저장 및 재생이 가능하고, 물과 온도 조건만 맞으면 적은 자본으로도 쉽게 개발할 수 있다는 장점이 있다. 일례로 생물이 공기가 없는 곳에서 부패하면 메탄가스(CH_4)가 생성되고 이를 무기호흡이라고 한다. 이때 발생한 바이오 가스(메탄가스)는 조리용이나 난방용 등의 연료로 사용할 수 있다.

그림 2.20 바이오에너지 [출처: ©Kletr/Shutterstock]

| 연료전지(fuel cell)

연료전지는 말 그대로 연료를 사용해서 전기를 만드는 장치이다. 이때 연료로 수소를 사용하는 것이 연료전지의 가장 기본적인 형태이다. 전지는 아래 표 2.7처럼 3단계로 분류할 수 있다.

표 2.7 연료전지의 3단계

1차 전지	건전지(충전 불가)
2차 전지	리튬 이온 전지(충·방전 가능)
3차 전지	수소 등의 연료를 지속적으로 주입하여 사용

산화 전극에서는 연료인 수소(H_2)가 산화(oxidation)되어 수소 이온(H^+)과 전자(e^-)가 발생한다. 환원 전극에서는 전해질(electrolyte)을 통해 이동된 수소 이온(H^+)이 존재하며, 산소(O_2)가 환원(reduction)되어 물(H_2O)이 발생한다. 궁극적으로 전체 반응은 수소(H_2)와 산소(O_2)가 화학 반응하여 물(H_2O)이 되는 것이다. 이때 전자(e^-)가 산화 전극에서 환원 전극으로 외부 도선을 거쳐 이동하면서 전기 에너지를 발생시키는 원리이다.

산화 전극: $H_2 \rightarrow 2H+ + 2e^-$

환원 전극: $\frac{1}{2}O_2 + 2H+ + 2e^- \rightarrow H_2O$

전체 반응: $\frac{1}{2}O_2 + H_2 \rightarrow H_2O$

연료전지는 어떤 연료를 사용하느냐에 따라 작동 온도와 구성의 차이가 있다. 표 2.8은 연료전지의 종류를 정리하여 나타낸 것이다.

표 2.8 연료전지의 종류

종류	연료	전해질	작동 온도 (°C)	효율 (%)	용도
고분자 전해질 연료전지 (PEMFC)	수소	고분자 막 (이온교환막)	80~110	75	수소용 동력원
직접 메탄올 연료전지 (DMFC)	메탄올	고분자 막 (이온교환막)	80~110	10~100	휴대용전원
인산형 연료전지 (PAFC)	수소	인산염	160~200	70	분산발전형
용융 탄산염 연료전지 (MCFC)	수소 일산화 탄소	용융 탄산염	600~800	80	대규모 발전용
고체 산화물 연료전지 (SOFC)	수소 일산화 탄소	고체 산화물 (세라믹 등)	800~1,000	85	대규모 발전용

그림 2.21 연료전지 [출처: ©Alexander Kirch/Shutterstock]

생활 속 화학을 만나다

CHAPTER

03

화장품과 의약품

최근 제약·바이오 및 헬스케어·의료기기 분야의 성장으로 화장품과 의약품이 세간의 많은 관심을 받고 있다. 특히 약용화장품을 의미하는 코스메슈티컬(cosmeceutical)이 화두로 떠오르고 있다. 코스메슈티컬이란 화장품(cosmetic)과 의약품(pharmaceutical)의 합성어로 단순 기능성 화장품에 전문적인 의약품의 치료기능을 융합한 제품을 일컫는다.

본 장에 들어가기 전에 먼저 화학 작용기(chemical functional group)에 대한 내용을 숙지하고 들어가는 것이 이해하기가 좀 더 수월할 것이다. 작용기는 일반적으로 원자단을 뜻하는 것으로 특정한 물리·화학적 성질과의 반응성을 나타낸다. 이러한 작용기를 언급하는 이유는 화학에서는 빼놓을 수 없는 탄화수소를 설명하려는 것이다. 화학은 크게 유기 화학과 무기 화학으로 분류되는데, 탄화수소(hydrocarbon)는 유기 화학적으로 탄소(C)와 수소(H)를 의미하므로 탄화수소를 빼놓고서 유기 화학을 설명할 수는 없다. 예를 들어 모르핀이나 카페인 혹은 코카인 등과 같은 성분은 거의 탄소와 수소로 이루어져 있으며, 그 화학구조 내에 질소(N)나 황(S), 산소(O) 원자 등이 포함되어있다. 또한 우리가 알고 있는 폴리에스터 의류, PET, 나일론 소재 및 잘 늘어나는 수영복 소재인 폴리우레탄, 아크릴과 같은 같은 소재에도 탄소와 수소가 유기적으로 연결되어 있다. 결합들이 하나의 결합(단일결합, –)으로만 이루어진 것이 안이라 이중결합(=) 혹은 삼중결합(≡)으로 이루어져 있을 때도 있다. 추가로 고리 형태인 벤젠(benzene)도 화학에서 많이 등장하기 때문에 이것 역시 알고 있으면 좋겠다.

[그림 3.1]은 탄화수소를 포함한 화합물의 명명과 구조식을 정리하여 나타낸 것이다. 당근(카로틴), 오렌지, 레몬, 소나무(송진) 및 생강 등을 비롯해 박하향, 사과향 등이 탄화수소를 포함하고 있고 그 연결 구조가 단일결합, 이중결합을 이루고 있다. 더 나아가 박하향의 경우 케톤(C=O)기로, 토마토 색소는 긴 탄화수소 사슬로 이루어진 것을 확인할 수 있으며, 식물류, 과일류, 생물계, 의약 성분도 마찬가지로 모두 탄화수소로 구성되어 있다. 그만큼 탄화수소에 대한 개념은 점차 중요해지고 있다. 그럼 본격적으로 탄화수소 기반 화장품과 의약품에 그 구조가 어떻게 적용되는지 알아보자.

알코올기는 열가소성 합성수지로 잘 알려진 폴리비닐 알코올(polyvinyl alcohol, PVA)이 대표적인 예이다. 환경친화적이고 독성이 없으며(FDA 승인) 가공이 쉬운 장점으로 인해 절연필름 또는 수용성 접착제 등의 재료로써 사용된다. 폴리비닐 알코올 내부의 –OH기로 인해 친수성(water soluble) 고분자임에도 불구하고, 때로는 구연산(citric acid, CA), 말레산(maleic acid, MA), 폴리아크릴산(polyacrylic acid,PAA) 등과 같이 130 ℃에서 30분 정도 반응시켜주면 가교결합(cross-linking)을 통해 내수성(water stable) 고분자로도 만들 수 있다.

아미드기를 갖는 생활 속 예로 나일론 스타킹, 자동차용 타이어코드, 낚싯줄, 고무호스 등이 있다. 이외에 아미드기는 5장에서도 다루겠지만, 식품 분야로도 적용된다. 식품 가공제 또는 식품 조미료, 화학조미료 중 후추나 캡사이신(capsaicin)과 같은 매운맛이나 자극적인 맛을 내는

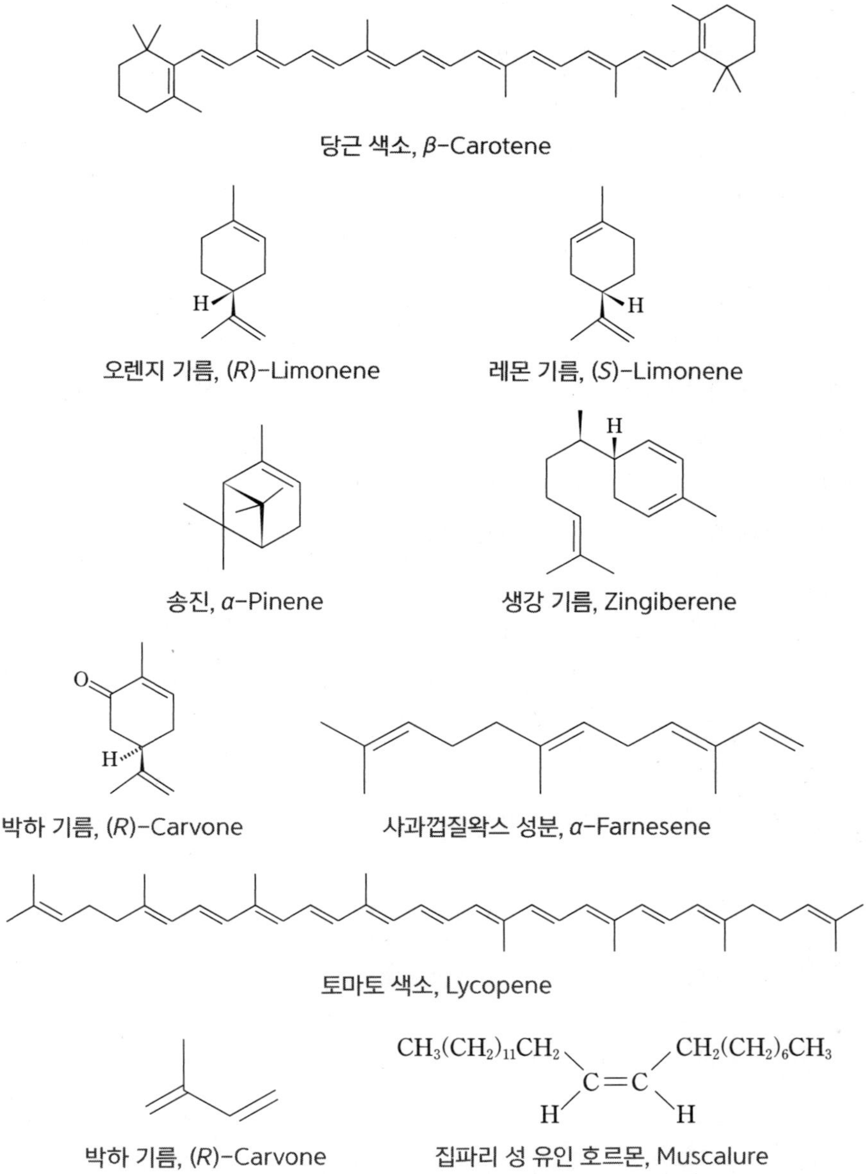

그림 3.1 탄화수소기를 포함한 생활 속 물질

데 도움을 준다.

나이트릴기는 우리가 알고 있는 아크릴(polyacrylonitrile, PAN)계 소재의 반복단위이다. 아크릴은 폴리에스터, 나일론과 함께 3대 합성섬유 중 하나이다. 특히 아크릴 섬유는 탄소섬유의 3대 전구체(PAN, Pitch, Rayon) 중 하나로 섬유 방사와 세 단계의 열처리(안정화, 탄화, 흑연화)를 통해 궁극적으로 탄소섬유로 제조될 수 있다.

알데히드기 중 폼알데하이드(formaldehyde, HCHO)는 분자구조가 간단하고 가격이 저렴하여 실생활에 많이 적용되고 있다. 일례로 여러 종류의 플라스틱, 염료, 비료 등을 만드는 합성원료로 사용되며, 소독제·살균제·방부제뿐만 아니라 특히 화장품과 각종 생활용품(가구 접착제, 페인트) 및 개인 위생용품에 적용되고 있다.

하지만 이런 폼알데하이드는 세계보건기구(WHO) 산하 국제암연구기관(IARC)에서 지정한 1군 발암물질이다. 이는 강력한 작용기인 포르밀기 때문이다. 이러한 포르밀기는 생명체의 세포나 DNA를 공격하여 세포를 사멸시키고, 단백질을 변성시키며, DNA 구조를 망가뜨리는 매우 위험한 물질이다. 그럼에도 불구하고 우리 생활 속에서 폼알데하이드의 사용이 불가피하므로 꾸준히 대체 연구가 이루어지고 있다.

케톤계통 중 다이메틸케톤(CH_3COCH_3)은 우리가 알고 있는 아세톤이다. 아세톤은 매니큐어를 발랐을 때 그것을 지울 수 있는 용매로 사용된다. 이러한 아세톤도 구조적으로 보면 다이메틸(dimethyl), 즉 2개(다이(di))의 메틸($-CH_3$)기를 포함하는 케톤이라고 이해하면 된다. 또한 인체 내부에 있는 케톤체는 여러 장기에서 케톤 대사를 조절하는 역할로 인해 당뇨병 치료제로도 주목받고 있다.

카복실산기를 포함한 생활 속 예로 기저귀, 생리대 등에 들어가는 아크릴산(acrylic acid)이 있다. 아크릴산은 자체 중량의 최대 500배까지 물을 흡수할 수 있는 고흡수성 수지로도 잘 알려져 있다.

에스터기는 다른 장에서도 계속 언급하였듯이, PET, 의류소재 이외에도 접착제(저융점사), 자동차용 타이어코드 및 안전벨트의 소재로도 적용되고 있다.

표 3.1 작용기

화합물	일반 구조식	화합물	일반 구조식
알코올 (Alcohol)	R−OH	케톤 (Ketone)	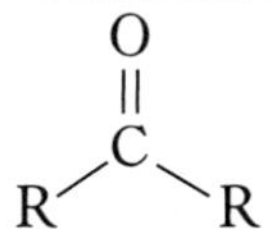
아마이드 (Amide)	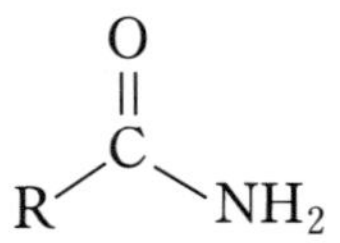	카복실산 (Carboxylic acid)	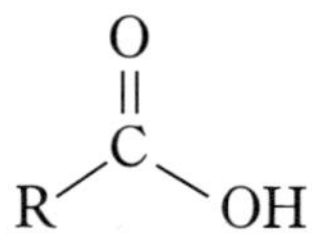
나이트릴 (Nitrile)	R−CN	에스터 (Ester)	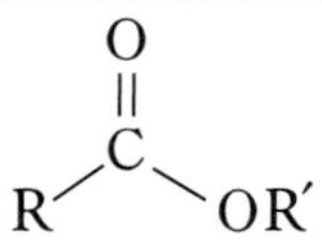
알데하이드 (Aldehyde)	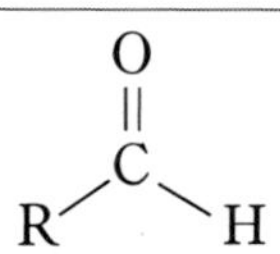		

3.1 화장품

3.1.1 개요

남녀노소를 막론하고 화장품을 사용 안 해 본 사람은 없을 것이다. 그만큼 우리 생활과 밀접한 관련이 있다. 2010년 이후로 현재까지 한류 열풍(k-pop, k-beauty, k-drama 등)으로 인해 화장품뿐만 아니라 기타 한류 콘텐츠 등이 전 세계에서 높은 인기를 끌고 있다. 또한 드라마나 영화 속 간접광고나 유명 연예인의 화장품 광고를 통해 국내 다양한 브랜드의 화장품이 전 세계적으로 큰 관심을 받고 있는 것이 오늘날 현실이다. 이제 화장품에 대해 자세히 알아보자.

화장품은 인체를 깨끗하게 또는 아름답게 하여 밝은 용모로 변화시켜 매력을 한층 더 뽐내는 것을 도와주는 제품이며, 피부와 모발의 건강을 유지하거나 증진시키기 위해 인체에 사용되는 제품으로 정의한다. 추가로 기능성 화장품은 피부의 미백 효과와 주름개선에 도움을 주는 것 외에도 피부를 곱게 태우거나 자외선(ultraviolet, UV)으로부터 차단하는 데 도움을 주는 제품을 의미한다(보건복지가족부령). 화장품은 제조, 수입, 판매, 표시, 광고 및 취급 등 모든 면에서 법적 규제를 받는 제품이기 때문에 까다롭지만 그 만큼 안전성이 뒷받침 된다고 볼 수 있다. 화장품은 아래 표 3.2와 같이 다양한 제품군으로 분류할 수 있다(화장품법 시행규칙).

표 3.2 화장품의 다양한 제품군

분류	주요 용도
어린이용	어린이용 샴푸, 린스, 크림, 로션, 오일, 세정용 제품 등
목욕용	목욕용 오일, 정제, 캡슐, 버블 바스(bubble baths) 등
인체 세정용	폼 클렌저, 바디 클렌저, 액상 비누 등
눈 화장용	아이브라우 펜슬, 아이라이너, 아이 섀도, 마스카라, 아이 메이크업 리무버 등
방향용	향수, 분말향, 코롱(cologne) 등
염모용	헤어 틴트(hair tints), 헤어 칼라스프레이(hair color sprays) 및 등
색조 화장용	볼연지, 페이스 파우더(face powder), 페이스 케이크(face cakes), 리퀴드(liquid)·크림·케이크 파운데이션(foundation), 메이크업 베이스(make-up bases), 메이크업 픽서티브(make-up fixatives), 립스틱, 립라이너(lip liner), 립글로스(lip gloss), 립밤(lip balm), 바디페인팅(body painting), 분장용 제품 등
두발용	헤어 컨디셔너(hair conditioners), 헤어 토닉(hair tonics), 헤어 그루밍 에이드(hair grooming aids), 헤어크림·로션, 헤어 오일, 포마드(pomade), 헤어스프레이·무스·왁스·젤, 샴푸, 린스, 퍼머넌트 웨이브(permanent wave), 헤어 스트레이트너(hair straightener) 등

(계속)

손발톱용	베이스코트(basecoats), 언더코트(under coats), 네일폴리시(nail polish), 네일에나멜(nail enamel), 탑코트(topcoats), 네일 크림·로션·에센스, 네일폴리시·네일에나멜 리무버 등
면도용	애프터세이브 로션(aftershave lotions), 남성용 탈쿰(talcum), 프리세이브로션(preshave lotions), 세이빙 크림(shaving cream), 세이빙 폼(shaving foam) 등
기초화장용	수렴·유연·영양 화장수(face lotions), 마사지 크림, 에센스, 오일, 파우더, 바디 제품, 팩, 마스크, 눈 주위 제품, 로션, 크림, 클렌징 워터 등

3.1.2 화장품 성분과 종류

일단 화장품 성분의 기본 필수조건은 크게 세 가지이다. 먼저 "피부에 대한 안정성이 양호한가?" 인데 우리 신체 부위에 직접 접촉하다 보니 트러블, 알레르기 및 자극 등이 발생하면 안 된다. 다음으로 "목적에 적합한 기능을 갖추었는가?"와 마지막으로 "냄새가 자극적이지 않고 품질 관리가 일정한가?"이다. 화장품을 개봉한 이후 몇 회 정도밖에 사용하지 않았는데 갑자기 품질에 문제가 생기면 안 된다. 고객의 불만족(complain)으로 인한 교환이나 반품이 진행되면 화장품 브랜드 업체의 이미지에 큰 타격을 입을 수 있기 때문이다.

한편 화장품의 원료는 약 3,000여 종으로 대부분 수성 성분과 유성 성분 그리고 계면활성제가 전체 성분의 90 %를 차지한다. 기타 10 %는 보습제, 색소, 산화방지제, 방부제 및 향료 등이 차지한다. 구체적인 성분과 종류는 아래 표 3.3에 정리하여 나타내었다.

수성 성분은 정제수와 변성에탄올이 사용된다. 정제수는 피부를 촉촉하게 해주며 화장수,

표 3.3 화장품의 성분과 종류

주요화장품 성분	차지하는 비중
수성 성분: 정제수, 변성에탄올 유성 성분: 오일, 왁스, 고급알코올, 고급지방산 계면활성제: 양이온/음이온/비이온성/양쪽성 계면활성제	90 %
보습제: 폴리올계(솔비톨), 고분자 다당류(히아루온산염) 점증제: 유기 점증제(카복시메틸셀룰로오스, CMC), 무기 점증제 색소: 염료, 안료(유/무기 안료) 자외선차단제: 벤조페논 유도체 산화방지제: 비타민E, BHA, BHT 방부제: 파라벤 향료: 천연향료, 합성향료 알칼리제: NaOH, KOH, 트리에탄올아민 생리활성성분: 항노화제, 미백제 등	10 %

로션, 크림의 기초물질로 사용된다. 변성에탄올은 알코올 40 % 이하를 사용하며 소독작용 및 유지성분을 용해하는 기능이 있다. 화장수나 토닉 등의 원료로 사용된다. 우리가 스킨을 사용할 때 시원한 느낌을 받는데, 아는 물과 같이 섞여 있는 에탄올이 날아가면서 시원함 혹은 청량감을 주기 때문이다.

유성 성분은 말 그대로 식물성, 동물성, 광물성 오일을 비롯해 고급알코올 및 고급지방산이 이에 해당된다. 주 기능은 피부의 수분 증발을 억제해 주고, 모발에 윤활성을 부여해 준다. 식물성 오일은 아로마, 제라늄, 티트리 오일 등이 주로 사용되고, 식물성 왁스는 상온에서 안정한 립스틱, 파운데이션, 크림 등이 사용된다. 여기에서 왁스는 소수성 고체로 식물잎, 동물털, 조류 깃털에서 발견되는 생체 보호용 피복 물질로 존재하는 성분이다. 특히 바셀린이나 양초 등은 탄화수소로만 구성된 파라핀 왁스 물질이다.

한편, **계면활성제**는 1장에서도 비누와 합성세제에 적용된다는 것을 자세하게 언급하였듯이 화장품 분야에서도 매우 중요한 부분을 차지하고 있다.

3.1.3 화장품 제조공정에 따른 화장품 분류

다음 [그림 3.2]는 화장품 제조에 사용되는 **원료**를 선별한 뒤 공정을 통해 적절히 **배합**하여 소비자의 다양한 요구와 **성능(기능성)**에 최적화된 화장품을 개발하는 모식도를 나타낸 것이다. 다시 말해, 원료와 기능성 입자 등을 잘 선정하여 적절한 배합공정을 거쳐 고객의 요구에 적합한 고기능성·고감성·고성능 화장품을 제조하는 것이다. 따라서 원료-배합공정-기능성 간의 상관관계에 대한 종합적인 이해가 반드시 필요하다. 화장품 분야에서 계면활성제는 크게 세 가지로 분류되는데 이를 간단히 정리하면, 가용화제와 유화제는 기초화장품에 속하게 되고 분산제는 응용화장품, 즉 색조 화장품이나 자외선차단제 등에 속한다. 가용화제, 유화제, 분산제 각각의 제조공정과 만들어지는 화장품에 대해서 알아보자.

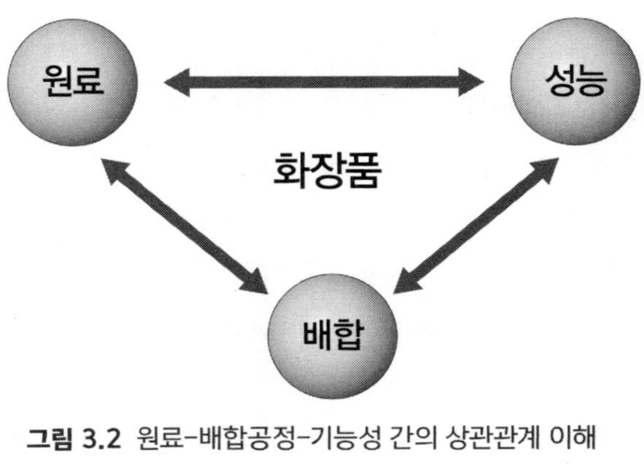

그림 3.2 원료-배합공정-기능성 간의 상관관계 이해

| 가용화제(solubilizing agent)

기초화장품 중 가용화 제품의 종류는 화장수, 앰플, 클렌징워터, 팩, 에센스, 향수 등이 있다. 이때 가용화 기술은 가용화제(계면활성제)를 활용하여 수성 성분에 소량의 유성 성분을 녹여 미셀(micelle) 구조 형성을 통해 투명하게 만드는 것이다. 제조공정은 수성 성분과 알코올 성분을 용해시킨 후 같이 혼합하여 여과 공정과 충전을 거쳐 만들어진다. 이때 여과는 기타 불순물들을 제거해 주는 공정을 말한다. 이렇게 만들면 투명한 제품이 나오게 되는데 여기에서 조색이라는 공정을 포함하면, 기존 투명한색에서 고객들의 시선을 끌 만한 색감을 부여할 수 있다.

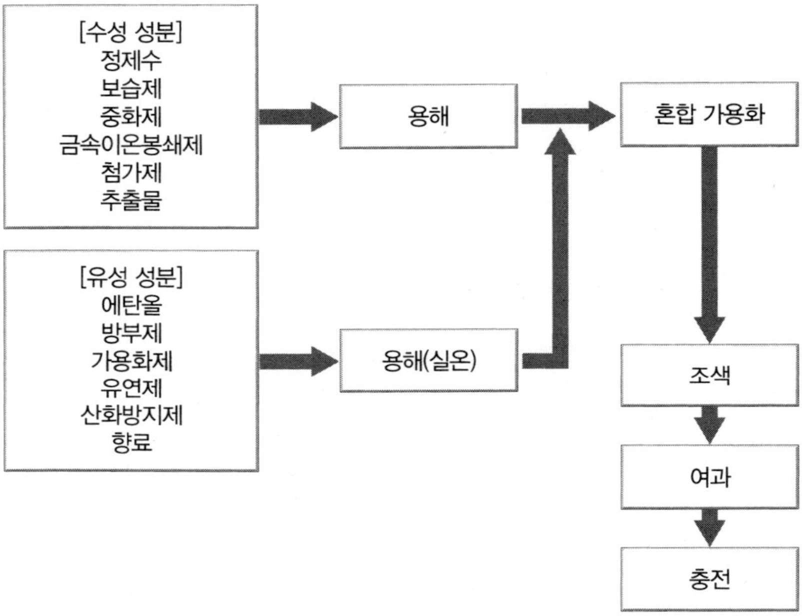

그림 3.3 가용화제품의 공정도

| 유화제(emulsifier)

기초화장품 중 유화제품의 종류는 스킨, 로션, 크림 종류 등이 있다. 유화는 유화제(계면활성제)를 사용하여 수성 성분과 다량의 유성 성분을 균일하게 잘 혼합하여 하얗게 만드는 것이다. 기존 가용화 제품과의 차이는 제조공정 중 온도를 가하는 것이다. 약 70~80 ℃ 정도 가열·용해 이후 일차적으로 유화시킨다(하얗게 만든다). 이후 공정에서 기능성 입자를 넣어 이차적으로 다시 유화시킨 다음 탈기부터 충전까지의 공정을 거쳐 최종 유화 제품을 만드는 것이다.

1차 및 2차 유화 공정할 때, rpm(rotation per minute)이란 분당 회전수를 의미한다. 유화 공정 믹서기는 주로 호모믹서(homo mixer) 장치를 사용하며, 1분에 3,600번(3,600 rpm) 섞어(교반)준다. 일례로 생활 속에서 믹서(mixer)기 안에 수성 및 유성 성분을 넣어주고 교반기로 잘 섞일 수 있도록 1분 동안 3,600번을 휘저어주는 것과 마찬가지이다. 이렇게 빠른 속도로 섞으면 동시에 거품이 많이 발생하는데, 다음 공정인 탈기 공정에서 진공을 이용하여 기포들을 제거한다. 이 과정에서 완벽하게 제거되지 않은 기포는 숙성을 통해 방치하면 자연적으로 없어진다. 다음으로 불순물을 제거하는 여과 공정을 거쳐 냉각 및 저장을 통해 충전하게 되면 최종적으로 유화 제품이 만들어진다. 유화 제품 공정은 가용화 제품 공정과 달리 온도, 교반, 탈기 및 냉각 등의 추가 공정이 필요한 것이다.

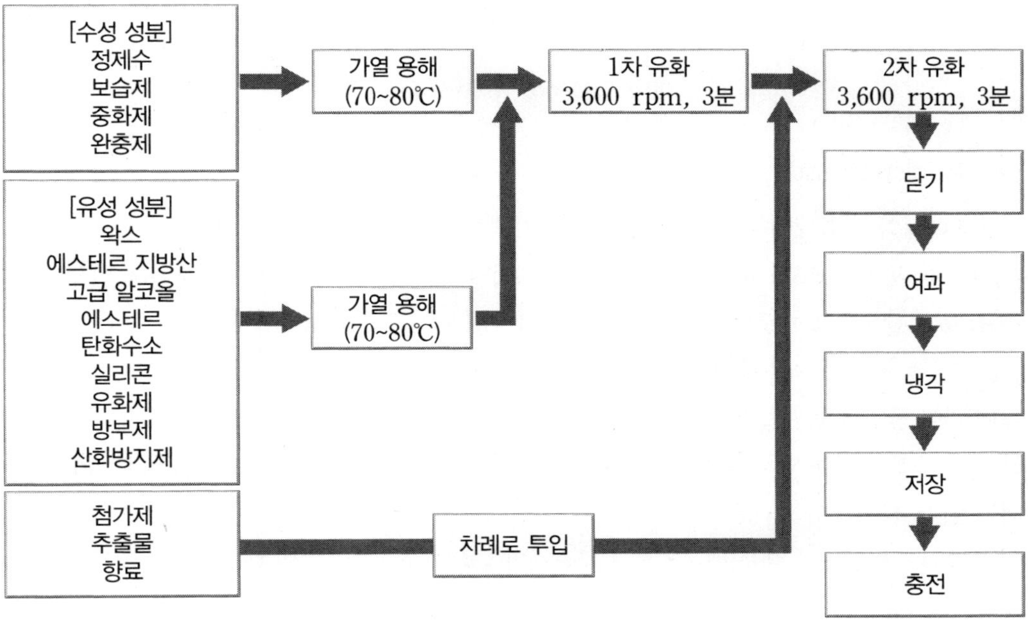

그림 3.4 유화제품의 공정도

가정에 있는 화장품 용기를 보면 O/W, W/O, W/O/W, O/W/O 등으로 표기된 것을 확인할 수 있다. 이것은 유화제가 수중유형(O/W), 유중수형(W/O) 및 다상유화(W/O/W, O/W/O) 등으로 구분될 수 있다는 것을 의미한다.

O/W(Oil in Water, 수중유형)의 경우 물 안에 오일이 분산되어 있어 보습감이 강하고 청량감, 시원함, 촉촉함이 있어 로션으로 많이 사용된다. 반대로 W/O(Water in Oil, 유중수형)의 경우 오일 안에 수분이 분산된 것으로 크림류에 속한다. 사용감이 무겁지만 피부유연효과와 보습효과를 제공한다. 그리고 W/O/W(Water in Oil in Water, 다상유화)의 경우 물속에서 크림이 둥둥 떠다니는 수분크림이 있다. 마지막으로 O/W/O(Oil in Water in Oil, 다상유화)의 경우 오일 상태에서 로션이 둥둥 떠다니는 영양크림이나 아이크림 등을 생각하면 좋을 것이다.

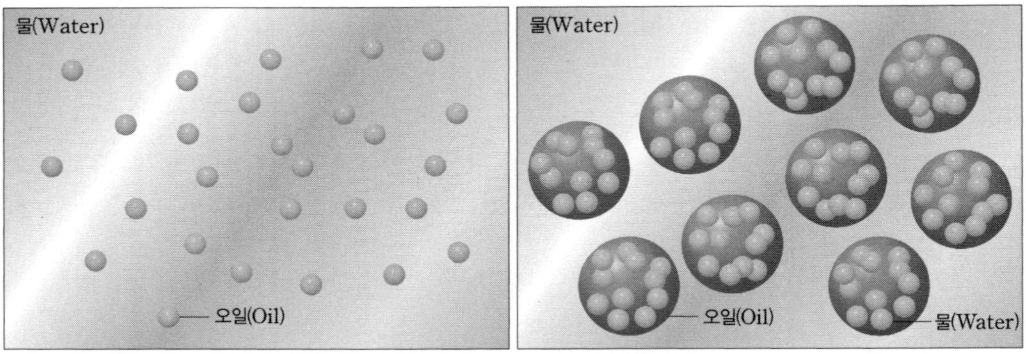

O/W(Oil in Water)　　W/O/W(Water in Oil in Water)

그림 3.5 O/W와 W/O/W의 모식도

| 분산제(dispersant)

가용화제와 유화제에 관련한 기초화장품에 대해 알아봤고, 다음은 응용 화장품으로 파우더, 파운데이션, 립스틱, 마스카라, 아이라이너, 네일에나멜, 자외선차단제(선파우더, 선크림, 선스틱) 등과 같은 분산제품에 대해 알아보고자 한다.

분산제품 공정은 기초화장품 공정(가용화, 유화)과 달리 불용성 고체 입자(안료 등)를 액체 속에 넣어 균일하게 혼합하여 제조하는 것이다. 액체-액체 상태가 아닌 액체-고체 상태(고체 분말 파우더를 분쇄해 액체와 혼합)로 제조한 후 기타 첨가제를 넣어 줌으로써 최종적으로 분산제품을 만들 수 있다. 이 분산제품의 경우 열어둔 상태에서 장시간 내버려두게 되면 아래와 같은 문제점이 발생하기 때문에 무엇보다도 관리가 중요하다고 할 수 있다.

1. 고체 입자의 침전이 발생한다.
2. 고체 입자 간의 응집으로 인해 사용 시 뭉침 또는 얼룩 현상이 발생한다.
3. 퍼짐성이 나빠진다.
4. 커버력과 광택이 저하된다.

대부분 메이크업 화장품의 경우 고체를 액체에 분산한 형태로 유화기술과 사뭇 유사하다고 볼 수도 있다.

추가로 향료 성분은 자연이나 합성을 통해 얻어 화장품을 비롯한 여러 용도에 활용되고 있다. 과거부터 사람들은 뜨거운 증기로 식물에 있는 기름 성분을 증발시켜 추출하였는데 이것이 바로 향료이다. 오늘날 향료의 종류는 대략 6천 종이 넘는다. 이 중 70 %가 천연향료이며, 30 %가 합성향료이다. 표 3.4에 정리한 꽃의 향기는 현재까지도 향수 제조에 사용되고 있다.

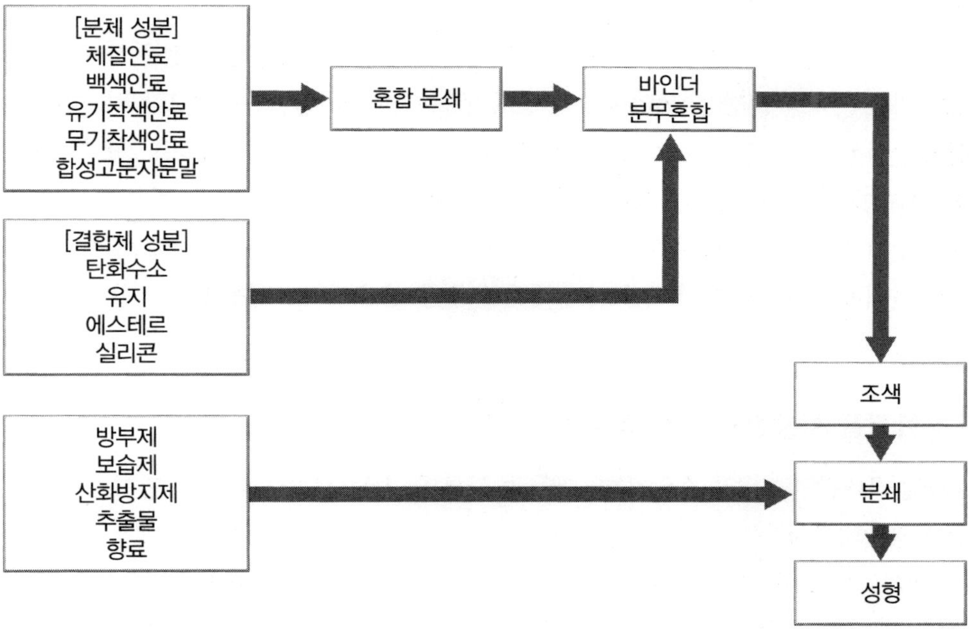

그림 3.6 분산제품의 공정도

표 3.4 꽃의 향기

라일락 향기	2-페닐아세트알데하이드(aldehyde 계)
장미꽃 향기	2-페닐에탄올(alcohol 계)
자스민 향가	살리실산 이소아밀(ester 계)
제라늄 향기	제라니올(alcohol 계)

| 선블록(sunblock)

분산제 제품 중 선블록에 대해 좀 더 알아보자. 선블록의 역사는 고대 이집트에서부터 시작된다. 당시 검은 피부보다는 환한 피부를 더 미의 요소로 판단하여, 일광차단 및 화상 방지 목적 이외에도 피부의 색소 침착을 예방하기 위해 쌀겨 추출물과 자스민을 사용했다고 전해진다. 이후에 파라아미노안식향산(para-aminobenzoic acid, PABA)과 같은 유기물질의 합성을 통해 대중화되기 시작했다.

선블록은 크게 피부 표면의 자외선(ultraviolet ray, ultraviolet light, UV)과 흡수해 열에너지로 분산시키는 자외선흡수제(ultraviolet ray absorbent)와 무기물질(이산화 티타늄, 산화 아연)이 자외선을 산란·반사시켜 피부에 침투하는 것을 차단하는 자외선산란제로 구분된다. 특히 자외선산란제의 경우 자외선차단 능력이 뛰어나고 피부 안전성이 우수하여 예민한 피부나 어린이

들에게 주로 사용된다.

이러한 선블록에 필요한 분산제와 첨가제 등의 원료를 사용하여 분산 공정을 통해 자외선차단 효과가 있는 제품을 만들 수 있다. 소비자가 원하는 형태에 따라 기존 선크림(액체형)의 형태 대신에 선파우더(분말형)나 선스프레이(분사형), 선스틱(고체형)과 같은 제품도 제조할 수 있다. 자외선차단제의 사용법과 기능으로는 다른 화장품과는 다르게 기초화장품처럼 피부 속에 스며드는 것이 아닌 표면을 덮어주는 특성이기 때문에 기초화장을 한 이후에 부드럽게 펴 바르는 것이 효과적이다. 화상방지, 콜라겐 파괴 예방 및 주름·기미·검버섯 예방 등의 역할도 한다.

3.1.4 화장품 시장현황 및 향후 방향

오늘날 국내뿐만 아니라 중국, 일본, 대만 등 한류의 열풍으로 인해 다수의 팬과 사람들은 연예인이 광고하고 사용하는 화장품을 많이 구매하고 있어서 그 성장세는 계속해서 증가할 것이다. 나아가 시장조사 기업 Euromonitor의 조사에 따르면(그림 3.7), 국내 화장품 시장 규모가 2018년 기준 14.1조 원을 기록하여 전년 대비 약 3 %의 성장률을 보였다. 향후 2021년까지 약 15조 원 규모로 그 성장세가 꾸준히 증가할 것으로 예측된다.

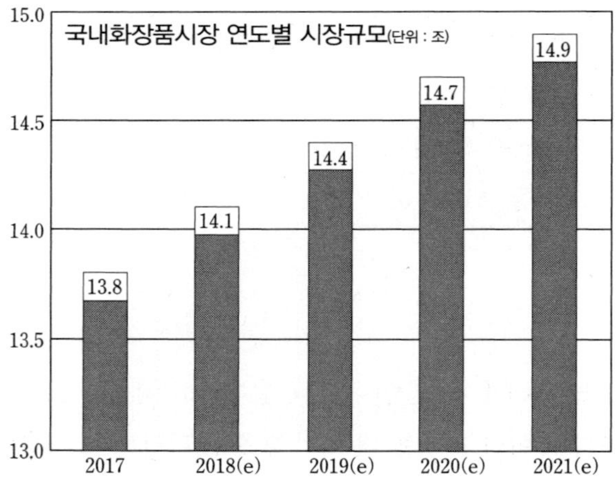

그림 3.7 국내 화장품 시장 규모 [출처: BNK투자증권, Euromonitor(2018)]

정부에서도 차세대 먹거리로서 화장품 등의 7개 산업 분야를 지정한 만큼 화장품 산업은 현재 우리나라에서 가장 밀고 있는 분야 중 하나이다. 그중에서도 화장품 수출이 두드러지게 우수한 실적을 보인다. 왜냐하면 한류열풍 등 중국 외에 동남아 국가들에서도 한국산 화장품의 인기가 매우 높다. 이러한 인기를 꾸준히 이끌기 위해 화장품의 품질과 상품성을 향상시키는 것에 중점을 두어야 한다.

화장품 관련 기업에서 인재가 배출되고 현장에 맞는 전문 인력을 양성한다면 우수한 화장품의 제조가 가능할 것이다. 다음 표 3.5는 화장품 산업의 파급효과를 정리하여 나타낸 내용이다.

표 3.5 화장품 산업의 파급효과

과학·기술적 측면	• 정보기술(IT), 바이오기술(BT), 나노기술(NT) 등 첨단 기술과의 융·복합(convergence, hybrid)화 • 우리나라 4대 기초 산업 중 하나인 제약·바이오 및 헬스케어와 접목 가능 • 코스메슈티컬 시장 확대에 따른 먹는 식이 화장품(inner beauty)의 성장
경제적 측면	• 글로벌 기술경쟁력 확보(現 선진기술 모방 수준) • 국내 기초 기술 강화에 따른 글로벌 경쟁력 확보 및 지식재산권과 기술력 확보
사회적 측면	• 바이오기술(BT)과 화학공학의 융·복합 • 고령화로 인한 항노화(anti-aging) 화장품 시장 확대 전망 • 동안 요구, 피부결 개선 등 고객의 요구사항이 꾸준히 증가
생태·환경적 측면	• 합성화장품에서 천연화장품 쪽으로 방향 전환 • 천연화장품의 고성장세가 지속될 것으로 전망
정치·법률적 측면	• 동물 대체 실험법 관련 연구

다음으로 바이오 화장품에 대해 알아보자. 바이오 화장품이란 생물이 자연적으로 만들어내는 성분을 바이오기술(bio technology, BT)을 통해 생산·추출하고 적용하는 것을 말한다(그림 3.8). 여기에서 학문은 유전학, 줄기세포, 바이오로직스, 발효 기술 및 미생물 배양 기술 등이 적용된다. 다시 말하면 생물계에서 유익하거나 유용한 성분 등을 모색하고 과학적 근거를 통해 효능을 인정받은 물질들을 추출하는 기술이다. 이 생물의 성분을 역학조사를 통해 화학구조가 어떻게 이루어져 있는지 밝혀내고, 이와 유사하게 만드는 것이 바이오기술이라고 볼 수 있다.

한편, 기존 자외선차단 제품 중 피부에 트러블을 발생시키는 제품이 있었는데, 원인을 자세히 파악해보니 화장품 내부에 존재하는 미세플라스틱이었다. 화장품은 보관 및 품질관리가 중요한데, 개봉 후 관리 소홀로 인해 변색, 물질변환 및 기능성 저하 등의 문제가 발생하였기 때문이다. 이에 대한 대안으로 최근에는 합성물질을 지양하고 천연물질을 활용하자는 추세로 '그린(green) 바이오 화장품'에 대한 연구개발이 활발히 이루어지고 있다.

한 걸음 더 나아가 바이오매스(biomass) 원료(바이오 단량체)인 옥수수, 사탕수수, 해조류 등을 사용하여 sucrose(자당), starch(전분, 녹말), cellulose(목질계) 및 oil(식물성 오일) 등을 추출해 발효시켜 저가형 생분해성 소재를 제조하는 기술이 개발되고 있다. 다만 아직까지는 일반 플라스틱보다 비용이 더 들고 기능도 다소 부족하다. 2010년 이후로 바이오매스 원료를 활용한 신규 바이오 플라스틱의 경제성이 점차 높아지고 있으며, 향후에는 포장용뿐만 아니라 산업용

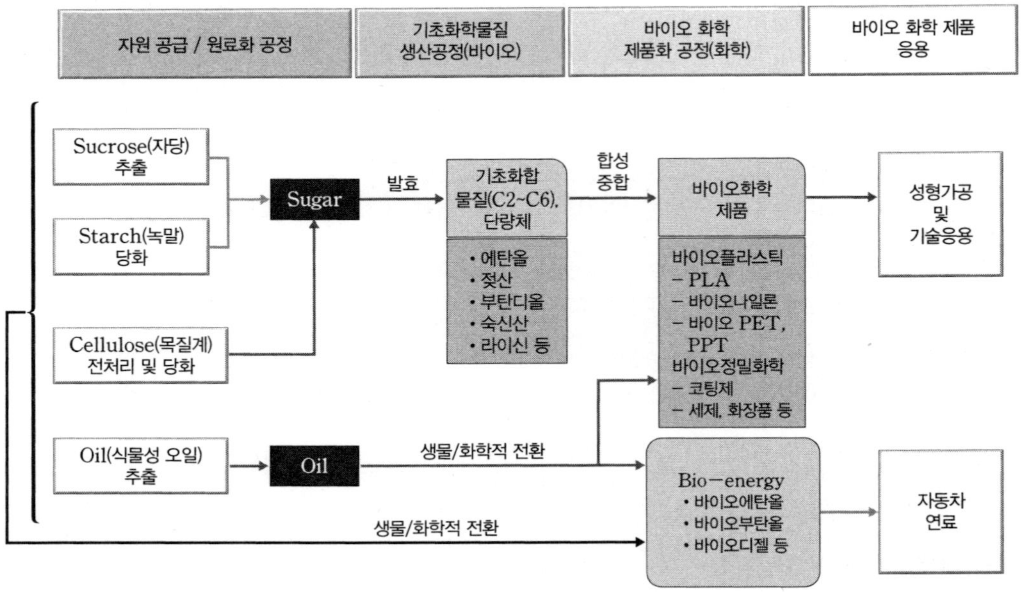

그림 3.8 바이오 화학 산업의 가치사슬 [출처: 한국화학연구원]

으로까지 적용될 수 있을 것으로 보인다.

우리나라의 경우 화장품 제조에 관한 기초 기술의 현 단계는 선진국의 기술을 가지고 와서 모방하는 수준으로 선진국 대비 취약한 단계이다. 향후 화장품 산업의 잠재성을 고려할 때 화장품 제조 관련 기초 R&D를 통해 우리나라의 기술력을 높여야 하고 궁극적으로는 화장품 관련 제조 공학이나 기초피부과학 분야에 대한 투자 강화가 이루어져야 할 것으로 제언하는 바이다.

3.2 의약품

2장에서 인류의 역사는 세균에 의한 감염성 질병의 역사라고 말한 바 있다. 이전의 중증급성 호흡기증후군(SARS), 중동호흡기증후군(MERS) 등을 비롯해 최근 코로나바이러스 감염증(COVID19) 등이 그 예이다. 물론 COVID19의 경우 지금도 꾸준히 백신을 개발하기 위해 전 세계적으로 많은 노력을 하고 있지만, 이전의 우리에게 공포감을 주었던 SARS와 MERS의 경우 의약품이나 천연물 성분의 어떤 약리효과가 있는지 신속히 파악하여 임상시험을 통해 환자에게 적용하여 치유할 수 있었다. 따라서 이번 장에서는 생활 속 의약품들이 어떠한 약효로 인해서 우리의 몸을 치유할 수 있는지 화학 원리에 대해 간단히 알아보고자 한다.

3.2.1 의약품의 개념

간호학대사전 정의에 의하면 의약품이란 약국에서 판매되는 사람 또는 동물의 질병 진단과 치료나 예방 목적으로 사용되는 것으로 의료에 쓰이는 약품을 의미한다. 그 목적은 사람 또는 동물의 신체구조나 기능에 영향을 주는 것이다. 다만 의약외품, 화장품과 기구 기계를 제외한다. 여기에서 의약외품의 목적은 다음과 같다. 다시 말해 신체에 대한 작용을 완화시키는 것으로 기구장치가 아닌 것을 가리킨다.

■ 의약외품의 목적

- 구역질, 그 밖의 불쾌감, 구취, 체취 방지
- 땀띠, 짓무름 등의 방지
- 육모나 음모 등 탈모의 방지
- 쥐, 파리, 벼룩 등의 구제 또는 방지

또한 약사법 정의에 따르면 의약외품이란 질병의 치료와 예방 등과 밀접한 관련이 있는 제품으로 식품의약품안전처장으로부터 허가·지정받은 것을 의미한다.

즉, 아래의 용도로 사용되는 제품을 가리키는 것이다.

■ 의약외품의 용도

- 사람이나 동물의 질병을 치료·경감·처치 또는 예방할 목적으로 사용되는 섬유·고무 제품
- 인체에 대한 작용이 경미하거나 직접 작용하지 않는 제품
- 감염병 예방을 위해 살균·살충 및 이와 유사한 용도로 사용되는 제품

예를 들면 1장에서 배운 구강위생제품, 살균제, 콘택트렌즈의 세척 소독액과 5장에서 배울 살충제, 7장에서 배울 수술·보건용 마스크 등이 의약외품으로 분류된다.

3.2.2 의약품의 종류 및 특징

의약품의 경우 크게 천연의약품과 합성의약품으로 구분할 수 있으며 천연의약품은 다시 생약, 알칼로이드 그리고 다양한 생물계에서 얻는 의약품으로 분류할 수 있다.

| 천연의약품

천연의약품 중 생약은 천연물을 그대로 쓰거나 간단한 가공을 거친 약품으로 정의할 수 있

다. 예를 들어 칡뿌리라고 한번 생각해 보자. 칡뿌리를 생채로 갖고 와서 바로 사용할 수 있긴 하지만, 보통 칡뿌리의 경우 겉에 흙이나 이물질을 씻어 내거나 껍질을 제거하는 간단한 가공을 거쳐서 곧바로 약품으로 활용하기도 한다. 표 3.6은 생약용 식물과 그 효능을 정리한 내용이다.

표 3.6 생약용 식물과 효능

약용식물	주요 용도
칡	간경화 치료, 발한·해열 작용
구기자	해열·강장 작용
당귀	진정작용, 혈압 강하, 산후복통 및 타박상 치료
도라지	해열·혈압 강하, 보혈 작용
오가피	자양·강장 작용, 신경쇠약 및 빈혈 치료
인삼	자양·강장 작용, 피로해소, 조혈, 항암 작용, 혈압 조절

다음으로 알칼로이드는 생약과 달리 직접적으로 사용하지 않고 3.1절에서 배운 바이오기술(BT)을 적용하여 식물에서 효소나 기타 물질 등 우리에게 해로운 성분을 제거하고 유익한 성분만 추출한 것이다. 따라서 추출한 물질이 무엇이고 어떤 화학구조로 되어있는지 분석할 수 있다.

일례로 말라리아 치료제인 퀴닌성분의 키나나무, 각성제·진정제용 카페인 성분인 커피나무, 진통제용 모르핀 성분인 양귀비, 마취제용 코카인 성분인 코카나무 등이 있다. 그런데 이들의 공통점은 모두 분자 내에 질소 원자를 포함하고 있다는 것이다. 이렇게 질소 원자를 포함한 고리형 화합물(cyclic compound)의 경우 주로 염기성을 띠며, 소량으로도 강력한 약리작용을 나타낸다. 따라서 소량으로 사용하지 않고 대량으로 사용하게 되면 심각한 문제를 초래할 수 있으니 주의가 필요하다.

또한 모시풀(그림 3.10)은 기원전부터 재배됐으며, 우리나라의 경우 중부 이남에서 재배되는 잎이 넓은 달걀모양의 여러해살이풀이다. 학명은 Boehmeria nivea로 땅속에서 여러 개의 줄기가 나와 150~200 cm까지 곧게 자라며 7~8월에 암꽃과 수꽃이 한그루에서 개화한다.

모시풀의 용도로는 식품첨가물(어린 순은 물이나 떡으로 사용), 섬유(모시의 줄기와 껍질은 옷감, 밧줄 등으로 사용), 및 약재(말린 뿌리를 약재로 사용) 등이 있다. 봄·가을의 뿌리를 캐어 씻은 후 말려서 약재로 사용 시 혈당조절(당뇨), 면역력 증진, 항균 미 항산화 기능 등이 있다. 또한, 모시풀로부터 물질분리 및 정제를 통해 모시 추출물을 분리하여 다양한 화학구조를 결정 짓는다.

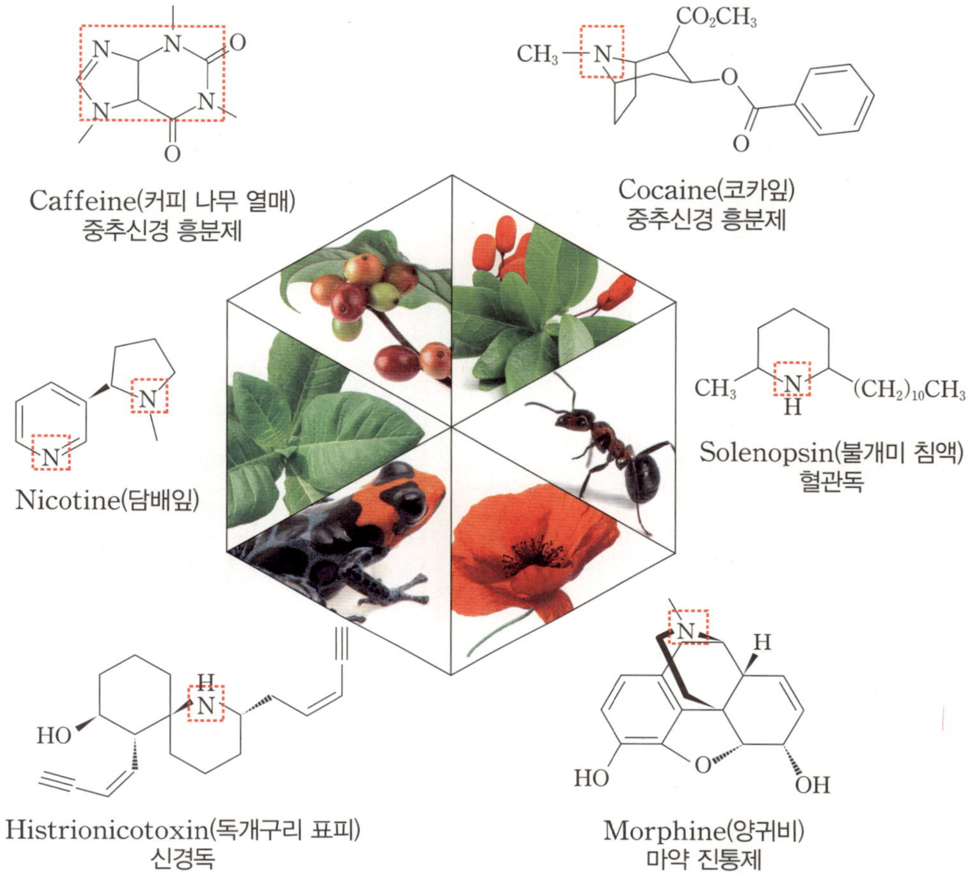

그림 3.9 천연 알칼로이드의 화학구조
[출처: ©NinaM, Valentina Razumova, thatreec, Eric Isselee, Dirk Ercken, Ainalayin/Shutterstock]

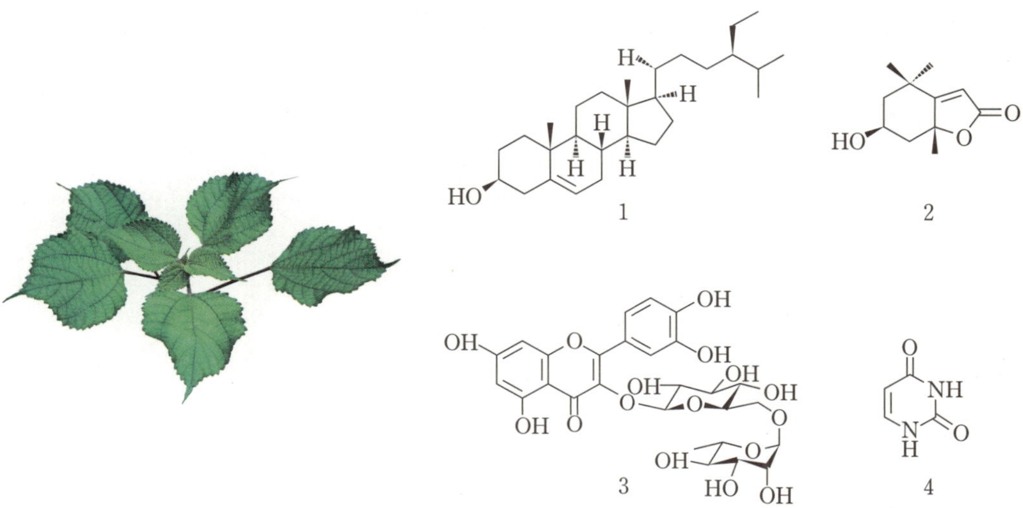

그림 3.10 모시풀과 추출물의 화학구조 [출처: ©Le Do/Shutterstock]

마지막으로 표 3.7은 다양한 생물로부터 얻을 수 있는 의약품으로 식물, 미생물, 바다 생물에서 채취하여 사용할 수 있다.

표 3.7 생물로부터 채취할 수 있는 천연의약품

분류	생물	용도
식물	마황	천식약
	매일초	항암제
미생물	푸른곰팡이	항균제
		콜레스테롤 저하제
	스트렙토마이세스	면역 억제제
바다 생물	군소	항암제
	청자고동	통증 치료제

| 합성의약품

지금까지 천연의약품에 대해 알아보았다. 이번에는 합성의약품에 대해 알아보자. 합성의약품이란 천연의약품의 한정성과 자원의 고갈로 인한 문제를 극복하기 위해 천연의약품의 분자 구조를 분석하여 인위적으로 만든 것을 말한다. 즉, 천연의약품에 사용되는 원료물질을 역 추적하여 그와 유사한 화학구조와 약리작용을 갖는 의약품으로 만드는 것을 의미한다. 그 예는 다음 표 3.8과 [그림 3.11]에 정리하여 나타내었다.

의약품은 크게 의약외품, 안전상비의약품, 일반의약품 및 전문의약품으로 구분할 수 있다. 의약외품은 약국 외에 슈퍼마켓, 마트 등에서 판매되며, 일반의약품은 약사나 한약사가 환자와

표 3.8 합성의약품의 효능과 종류

분류	효능	종류
진통제	통증을 제거 및 완화 작용	아세틸 살리실산(아스피린), 살리실산 메틸(파스), 아세트아미노펜, 이부프로펜
소화제	음식물의 소화 작용 및 식용 증진	활명수
항균제	세균의 성장 억제	설파제
항생제	미생물 제거 및 발육 억제	페니실린, 테트라사이클린, 세파렉신
항암제	암세포 제거 및 성장 억제	시스플라틴, 선플라주, 제넥솔
감기약	기침, 콧물, 오한, 발열, 두통 증상을 치료	항히스타민제, 진통해열제

상담 후에 판매되는 것을 의미한다. 안전상비의약품의 경우 위의 일반의약품 중 가벼운 증상에 사용되는 20개 이내의 지정 품목으로 약국 이외의 곳에서도 판매된다. 주로 편의점 등에서 비치되어 있으며, 해열진통제, 소화제, 감기약, 파스 종류 등이 그 예이다. 전문의약품은 의사의 처방전에 따라 조제하여 판매되고 있다.

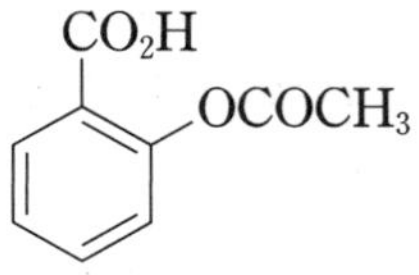

Aspirin
해열진통제

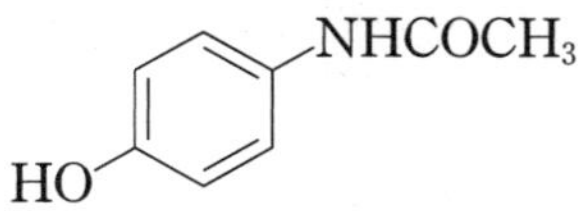

Acetaminophen
진통제

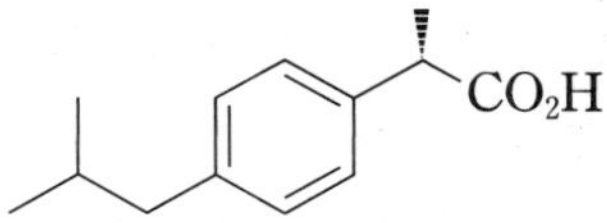

Ibuprofen
소염진통제

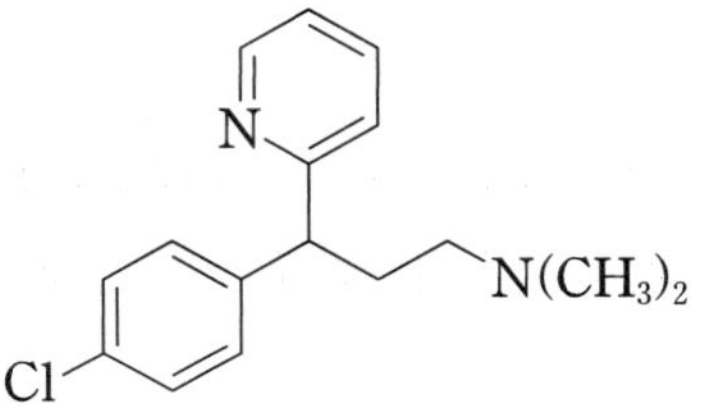

Chlorophenirامine
항히스타민제

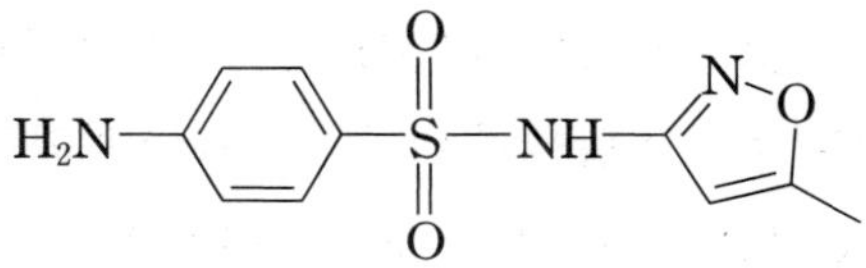

Sulfamethoxazole
항균제

그림 3.11 합성의약품의 종류와 화학구조

| 항생제

항생제는 어떤 미생물에서 분비되는 물질이 다른 미생물을 죽이거나 발육, 기능을 억제하는 의약품이다. 과거 알렉산더 플레밍(Alexander Fleming, 1881~1955)에 의해 포도상구균의 생장을 방해하는 푸른곰팡이로부터 발견한 최초의 항생제가 바로 페니실린(penicillin)이다. 이 페니실린은 동물 세포에는 독성이 없으나 곰팡이에 대해서만 선택적인 활성을 띠는 의약 물질이다. 오늘날 사용되고 있는 항생제 계통의 의약품의 수는 상당히 많다고 전해진다.

그림 3.12 플래밍과 페니실린의 화학구조

| 소화제

우리가 음식물 섭취 시 어떻게 소화가 되는 걸까? 크게 화학적 작용과 물리적 작용으로 나뉜다. 소화액이 분비되고 효소가 작용하는 것이 화학적 작용이고, 소화관이 운동하면서 음식물과 소화액이 분비한 효소를 잘 섞어 주는 것이 물리적 작용이다. 이러한 일련의 과정으로부터 탄수화물은 단당류로, 지방은 지방산과 글리세린으로, 단백질은 각종 아미노산의 형태로 분해되어 체내에 흡수된다. 따라서 소화가 잘 안 된다면 위의 두 작용 혹은 둘 중 하나의 작용에 문제가 있다고 보면 된다.

다음으로 제산제로 알려진 위염 치료제에 대해 알아보자. 위염은 보통 다량의 위산 분비로 발생하는 질병으로 이때 위염 치료제는 위산 분비를 제어하는 역할을 한다. 과다한 의산 분비를 중화시키기 위해서는 염기성 물질이 사용되어야 하므로 제산제는 보통 염기성을 띠는 의약품이다.

일례로 산화 마그네슘(MgO), 탄산수소 소듐($NaHCO_3$), 수산화 알루미늄($Al(OH)_3$), 탄산 칼슘($CaCO_3$) 등의 화합물이 위 속에서 수소와의 반응을 통해 물과 이산화 탄소가 방출되는 화학 반응이 잘 알려진 제산제의 작용 원리이다.

| 진통제

구조 이성질체라는 말이 있다. 말 그대로 화학구조는 같지만, 성질이 다른 화합물이다. 여기에서 드는 의문은 구조는 유사한데 왜 성질이 다를까? 예를 들면 진통제는 중추 신경에 작용하여 통증을 완화시키는 의약품이다. 이 진통제를 만드는 원리가 살리실산이라는 물질의 산(아세트산)을 첨가하느냐, 염기(메탄올)를 첨가하느냐에 따라 최종 제품이 달라진다. 그만큼 제조 방법이 중요하다고 할 수 있는데, 살리실산 + 아세트산 공정의 경우에는 우리가 먹는 아스피린 진

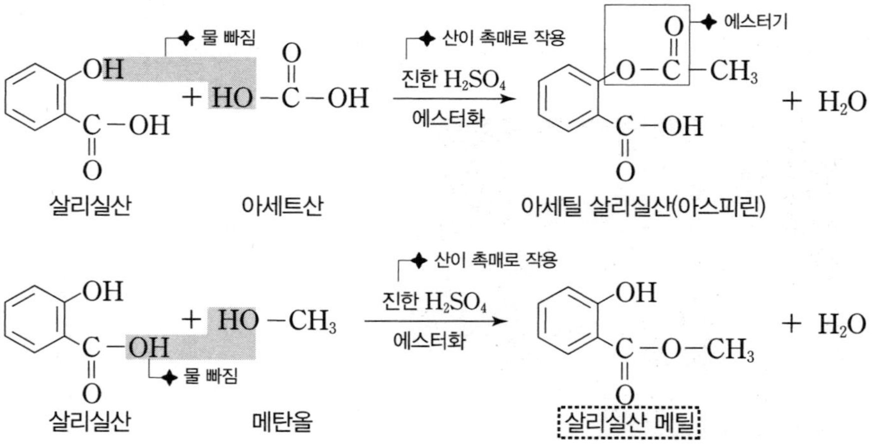

그림 3.13 살리실산의 공정 방법에 따른 진통제

통제를 만들 수 있다. 반면 살리실산 + 메탄올 공정은 똑같은 진통제이긴 하지만 붙이는 파스나 물파스로 만들어진다. 그래서 똑같은 살리실산 물질이라도 하더라도 +α로 산(카복실산) 혹은 염기(알코올)를 첨가함에 따라 각각 알약 같은 먹는 진통제가 될 수도 있고 먹지 못하는 붙이거나 바르는 파스 같은 진통제가 될 수 있다.

| 항알레르기제

사람들은 꽃가루, 미세먼지, 식품류, 화장품류, 페니실린 등으로 인해 콧물, 재채기, 발진, 충혈 등이 신체에서 다양한 증상이 발생 된다. 이러한 증상은 흔히 알려진 알레르기 현상이며, 알레르기를 유발하는 물질이 바로 알레르겐이다. 알레르겐은 분자량이 10,000 이상인 복잡한 고분자 구조의 단백질이며 다당류이다. 알레르기는 보통 IgE(immunoglobulin E) 형태의 항체에 의해 형성된다. 하지만 사람마다 다른 IgE 항체를 가지고 있으므로 알레르겐도 각각 다르며, 계절과 환경에 영향을 받기 때문에 꾸준히 생겨났다가 사라졌다가 반복하는 특성을 갖는다. 항히스타민제가 바로 알레르기 증상을 일으키는 히스타민의 작용을 억제할 수 있는 치료제이다.

3.2.3 신약개발

신약개발 과정은 의약품 분야에서 가장 중요하다고 볼 수 있다. 리토나이버, 타미플루 등의 항생제를 개발하는 과정을 자세히 살펴보고자 한다.

먼저 질병과 관련된 효소를 알아낸 후, 즉 기질을 알아낸 후 그 효소를 분리 및 정제하여 효소의 활성 부위에 3차원 구조 조사를 한다. 다음으로 분자모델링 시뮬레이션을 통해 활성 자리에 적합한 화합물을 디자인한다. 즉, 억제제를 만드는 것이다(그림 3.14). 이어서 디자인한 화합

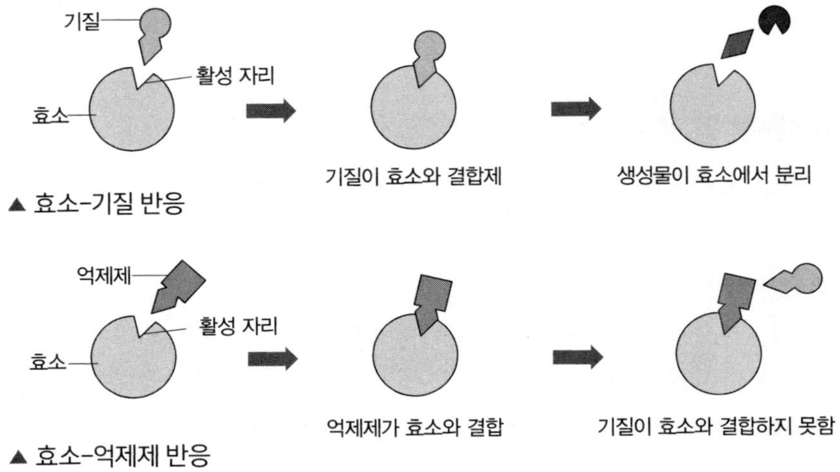

그림 3.14 효소-기질 반응과 효소-억제제 반응

물을 합성(의약품 합성)하여 약효를 검사한다. 그다음 동물 임상시험을 통해 부작용 및 독성 등을 조사하고 파악한 후 이상이 없으면 식약처의 기관 허가를 받아 소비자들에게 판매되는 일련의 과정이다.

표 3.9 신약개발 과정

효소 분리	질병에 관련된 효소를 알아낸 후 그 효소를 분리 및 정제하여 효소의 활성 부위의 3차원 구조를 조사한다.
분자모델링	컴퓨터 모의 테스트를 통해 활성 부위에 맞는 화합물의 구조를 디자인한다.
의약품 합성	디자인한 화합물을 합성하여 약의 효과를 검사한다.
임상시험	약의 효과가 나타나면 동물 실험을 거쳐 용량 및 용법 등을 조사한 후 임상시험으로 다시 확인한다. 이때 부작용이나 독성 등의 유무도 조사한다.
기관 허가	약의 효과와 임상시험 결과를 통해 신약으로 정부 기관의 허가를 받는다.
판매	약을 대량 생산하여 질병의 치료에 활용한다.

따라서 이전에 유럽에 페스트균에 의한 흑사병도, 매독균에 의한 매독도 그 질병에 대한 백신을 만드는 과정은 모두 이러한 과정을 통해서 만들어진다. 만약 분자모델링 및 의약품 합성 과정까지 진행되었는데, 임상시험의 결과가 좋지 않았다면 다시 회귀하여 같은 방식으로 접근해야 하므로 시간이 오래 걸리게 된다. 그래서 신약개발 과정은 평균적으로 5~10년 정도의 기간이 소요된다.

이런 내용과 유사한 사회 문제로 2019년 4월경 'K' 社의 인보사 사건이 있었다. 간단히 말해 연골세포에서 작용하고 기능을 수행해야 하는데 신장 세포에서 작용한다고 하니 어떤 문제가 발생할지 장담할 수 없다. 투여받은 환자도 거의 3,800명 정도라고 한다.

3.2.4 시장현황 및 향후 시장

오늘날 COVID19로 인해 국내뿐 아니라 전 세계적으로 팬데믹(pandemic) 현상이 진행되고 있다. 따라서 COVID19를 비롯하여 앞으로 새로운 전염병들이 꾸준히 발생할 것으로 예상함에 따라 백신 시장은 계속해서 성장할 것으로 전망하고 있다.

또한 노인 인구의 증가로 만성질환자가 증가하고 있다. 전체 진료비에서 차지하는 비중에서 65세 이상 노인의 진료비는 2018년 기준 40 %로 급격히 상승하였다. 이러한 현상은 향후 의약품 수요 증가에 따른 의약품 산업(바이오의약품 산업 등)의 성장으로 이어질 것으로 보여주고 있다.

표 3.10 국내 의약품 시장현황

(단위: 억 원)

구분	2014	2015	2016	2017	2018
생산	164,194	169,696	188,061	203,580	211,054
수출	25,442	33,348	36,209	46,025	51,431
수입	54,952	56,016	65,404	63,077	71,552
무역수지	-29,610	-22,668	-29,195	-17,052	-20,121
시장규모	193,705	192,365	217,256	220,632	231,175

[출처: 보건산업통계(식품의약품안전처, 2019)]

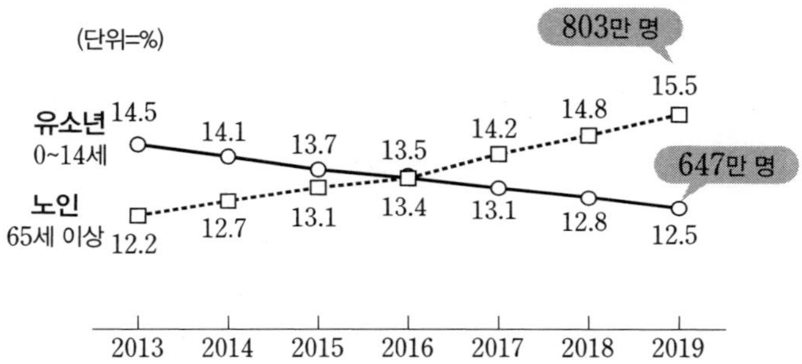

그림 3.15 연령층별 인구 분포의 변화 [출처: 행정안전부]

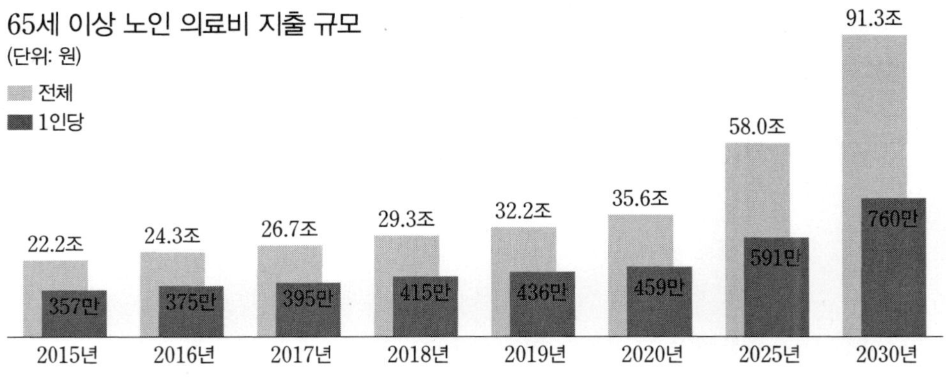

그림 3.16 65세 이상 노인 진료비 지출 규모 [출처: 국민건강보험공단]

생활 속 화학을 만나다

CHAPTER

04

의식주 1탄:
우리 몸을 지켜주는 섬유

4.1 생활 속 다양한 섬유

의복은 외부 환경으로부터 우리 몸을 보호해 준다. 우리가 '섬유'라는 단어를 떠올릴 때 의류, 패션, 디자인 등 이러한 키워드들이 연상될 수 있다. 섬유소재는 apparel(어패럴, 의복)이라는 의류용 실 이외에도 탄소섬유나 잘 늘어나는 스판덱스 그리고 3대 합성섬유라고 불리는 폴리에스터, 나일론, 아크릴 등의 non-apparel(산업용) 소재가 있다. 특히 오늘날 플라스틱, 섬유, 고무, 접착제, 도료·잉크 등 생활 속에 필요한 제품을 비롯한 산업용 재료들이 다양한 분야에서 폭넓게 적용되고 있다. 이번 장에서는 일상 속 다양한 의류용 섬유에 대해 알아보고자 한다.

4.1.1 섬유의 역사, 천연섬유에서 합성섬유로

기원전 8,000년 전 이집트 문명의 마섬유, 기원전 6,000년 전 메소포타미아 문명의 양모섬유, 기원전 5,000년 전 인더스 문명의 면, 중국 황화 문명의 견섬유 등 과거 문명과 섬유의 역사는 늘 함께하였다. 왜냐하면 추위나 더위 혹은 짐승 등 외부환경으로부터 신체를 보호하기 위해서는 걸칠 것(의복 등)이 필요했기 때문이다.

천연섬유는 천연재료를 이용하여 만든 섬유이고 인조섬유(man-made fiber, 합성섬유(synthetic fiber))는 천연섬유의 구조를 모방하여 유사한 특성을 갖게 한 것을 의미한다. 최초의 인조섬유인 레이온(Rayon)을 시작으로 폴리에스터(Polyester, PET), 나일론(Polyamide(PA), Nylon), 아크릴(Polyacrylonitrile, PAN) 등이 등장하였으며, 이때부터 '신합섬'이라는 용어를 사용하게 되었다(그림 4.1). 신합섬(New synthetic)이란 합성섬유의 개질을 통해 만든 다양한 특성을 갖는 직물을 말한다.

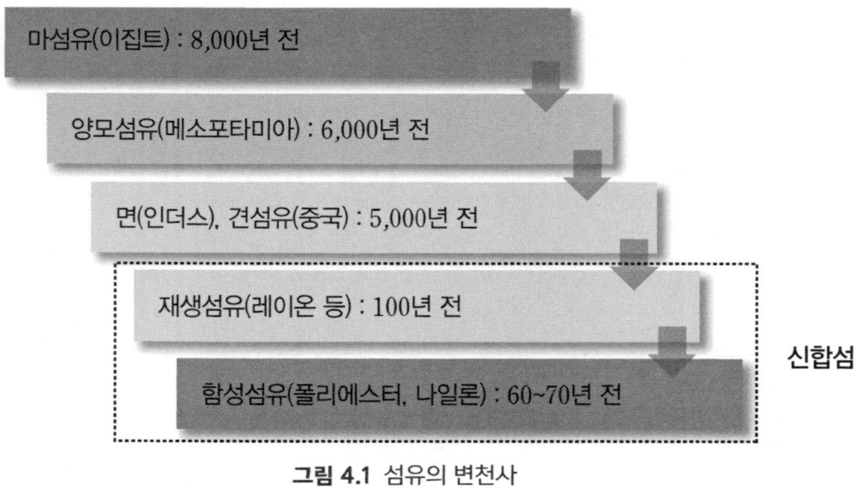

그림 4.1 섬유의 변천사

4.1.2 섬유의 단면구조

섬유 한 올은 1차원의 원사이고 이를 제직, 편직 하여 2차원의 원단(직·편물)으로 제조할 수 있다. 섬유 단면의 모양을 삼각 형태로 만들면 광택이 부여되고, 클로버 형태로 만들면 청량감과 시원함을 줄 수 있으며, 중공섬유로 만들면 가벼우면서 보온효과를 발현할 수 있다(그림 4.2). 궁극적으로 섬유의 단면형태에 따라 기능과 성능이 달라지는 것이다. 많은 연구자들이 섬유의 단면형태를 다변화하여 여러 특성을 부여하는 연구개발을 지금도 꾸준히 진행하고 있다.

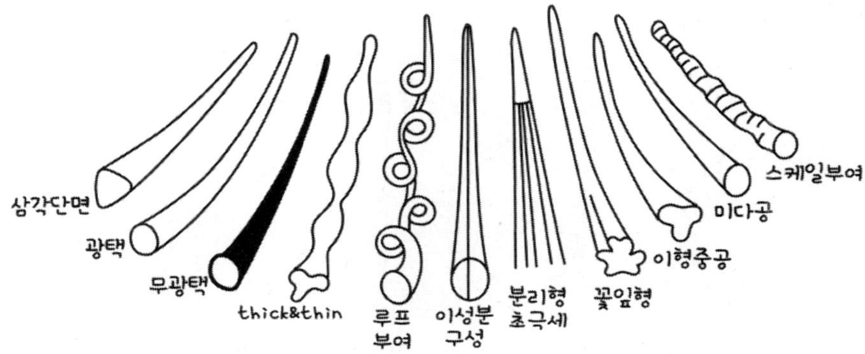

그림 4.2 합성섬유의 필라멘트 형상을 통한 다양한 단면 형상

국내의 코오롱, 효성, 휴비스 등의 기업도 마찬가지로 유사한 기능의 청량감을 부여하는 데 있어 특허(지식재산권)회피를 통한 차별화된 단면 기술을 선보여 제품화하고 있다(그림 4.3). 단면

[국내 제품]

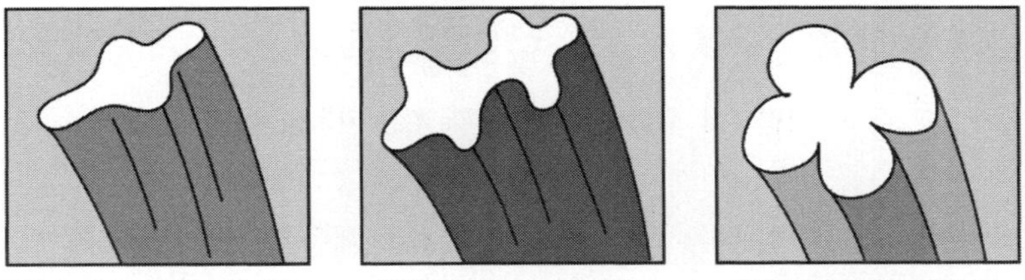

(주)휴비스 COOLEVER (주)코오롱 COOLON (주)효성 AEROCOOL

[국외 제품]

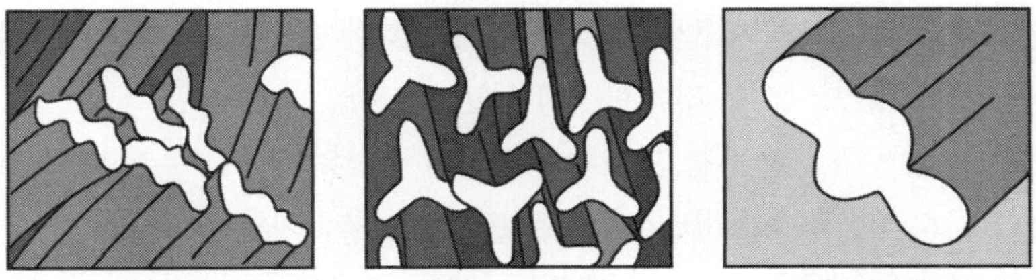

ASAI-KASEI TECHNOFINE TOYOBO TRIACT Invista COOLMAX

그림 4.3 섬유의 변천사

구조는 각기 다른 십자형, 아령형, 클로버형이지만 청량감으로 인한 쾌적성은 비슷하다. 해외제품도 마찬가지로 그 구조는 다르지만 우수한 청량감을 부여해준다.

그렇다면 왜 섬유의 단면형태가 기능과 성능에 영향을 주는지 [그림 4.4]를 통해 알아보자. 단순 원형 단면의 섬유는 소음차단 성능이 부여된다. 오각형 단면의 섬유는 흡음성능이 우수하며, 중공 단면의 섬유일 경우 단열성능에 따른 보온효과를 준다. 이때 섬유 각각의 특성을 동시에 요구하는 제품을 만들려면 단면의 특성들을 일원화시키면 된다. 즉, 단면의 외형은 별 모양이고, 내부는 중공섬유로 만들게 되면 세 가지의 성능을 하나의 섬유 단면구조에 담을 수 있어서 1석 3조의 효과를 부여할 수 있다.

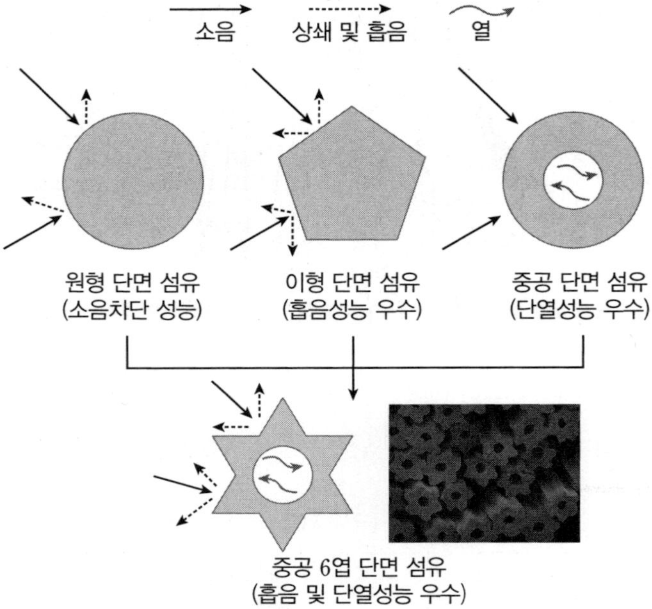

그림 4.4 다양한 섬유 단면에 따른 기능성 발현

기능성과 심미성은 소재마다 매우 다양하다. 특히 최종 제품은 소비자의 다양한 기능성과 심미성을 요구하고 있다. 따라서 소재 설계 디자인이 필요하며 이때 가격 조율, 소재 조합, 염색, 후가공 처리 등 각각의 요소들이 고려되어야 한다. 모든 산업 분야의 연구개발 기술도 이와 유사하듯 판매자(제조자)는 구매자의 요구사항을 만족시키는 것이 중요하며, 특히 일련의 과정에 대한 전체적인 안목과 흐름을 파악하는 것이 핵심이라 할 수 있다.

일반 폴리에스터 소재를 이용하면 견 소재의 특성인 광택을 발현할 수 있다. 폴리에스터 소재는 견 소재와 유사하다 하여 'silk-like 소재'라는 용어를 사용하기도 하며, 패션쇼나 액세서리 등 팬시 용도로도 적용된다. 양모 섬유와 유사한 'wool-like 소재'의 curl(꼬임, twist)은 보온효과(공기층 존재)가 우수할 뿐 아니라 자연 꼬임으로 인한 볼륨감과 엠보싱 효과가 부여되어 스웨터,

모자, 코트 등 여러 용도에 활용되고 있다. 'leather-like(피혁) 소재'의 경우 기존 천연피혁의 구조를 모방한 것으로 천연피혁과 합성고분자의 특성을 복합화한 것이다. 일명 '레자(leather의 일본식 발음)'로 인조가죽을 의미한다. 최근 동물보호단체에서 많은 반발로 인해 동물의 가죽을 그대로 사용할 수 없기에 그 원료를 동물에서부터 얻지 않고 폴리우레탄(PU)이나 래카(nitrocellulose) 등을 활용하여 가방, 지갑, 구두 제품으로 사용된다. 이처럼 기존의 합성소재의 고유특성을 변화시켜 전혀 다른 물성을 갖고 그로 인해 용도 분야도 확장할 수 있으므로 이에 대한 연구가 현재는 물론이고 앞으로도 지속해서 이루어질 것이다.

그림 4.5 다양한 섬유의 소재들
[출처: ©Wongsakorn Dulyavit, Fedotova Olga, Nataliia Zhekova/Shutterstock]

4.1.3 초극세사

초극세사는 청소용 클리너 및 안경닦이 등에 적용되는 가볍고 부드러운 실이다. 일례로 빗자루를 생각해보면 거칠고 억센 싸리비보다는 부드러운 갈대비가 더 잘 쓸리는 것을 경험해 보았을 것이다(그림 4.6).

그림 4.6 싸리비(좌)와 갈대비(우) [출처: ©Tuan Tran AX, Sergey Ryzhov/Shutterstock]

그 외에도 많은 사례가 있다. 수영복, 필터, ATM 돈을 세는 기계 솔이나 프린터기로 나오는 인쇄종이의 솔도 마찬가지로 두꺼운 실보다는 가는 실을 활용한다. 또한 녹는 실밥, 인체선 등에도 활용할 수 있다.

초극세사를 만드는 방법은 크게 물리적인 방법과 화학적인 방법으로 나뉠 수 있다. 물리적 방법은 [그림 4.7]과 같이 외부 조건을 통해 물리적으로 세그먼트(조각)화 시켜서 가늘게 만드는 분할형 방법이 있고, 화학적 방법은 [그림 4.8]과 같이 해도(海島, sea & island)형 복합 방사(sea & island spinning)라는 공정을 통해 용매를 사용하여 해(sea) 성분 섬유를 제거하여 궁극적으로 도(island) 성분 섬유만 용출시켜 가늘게 만드는 방법이다. 즉, 그림의 모식도처럼 섬유 하나의 큰 원이 작은 원들로 변하는 과정이다. 지구에서 달까지의 거리가 약 384,400 km인데, 그 거리를 4.2 g 정도의 무게를 갖는 초극세 섬유 길이면 편도로 이동할 수 있다고 한다.

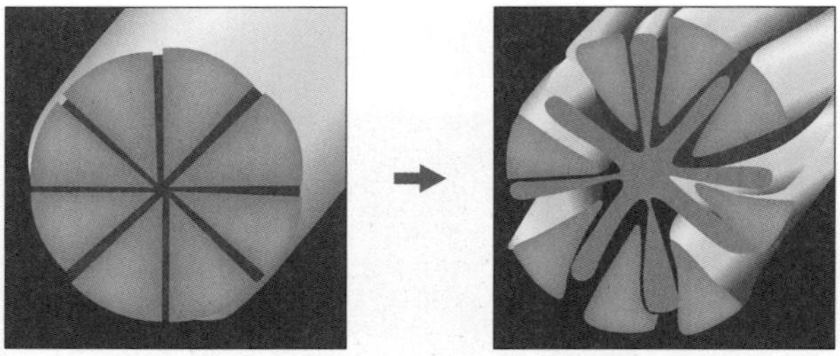

그림 4.7 극세사 제조(물리적 방법): 분할형 초극세사

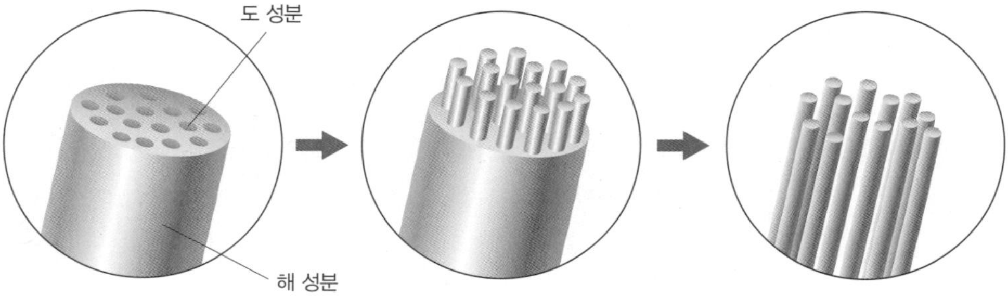

그림 4.8 극세사 제조(화학적 방법): 해도형 복합 방사

그렇다면 사람들은 왜 극세사를 선호할까? 물론 경량화, 즉 가벼워서 중량을 줄일 수도 있겠지만, [그림 4.9]와 같이 굵은 섬유와 초극세 섬유의 닦음성 효과 차이를 비교해 보았을 때 섬유의 굵기가 작을수록 더 효과적인 것을 알 수 있다.

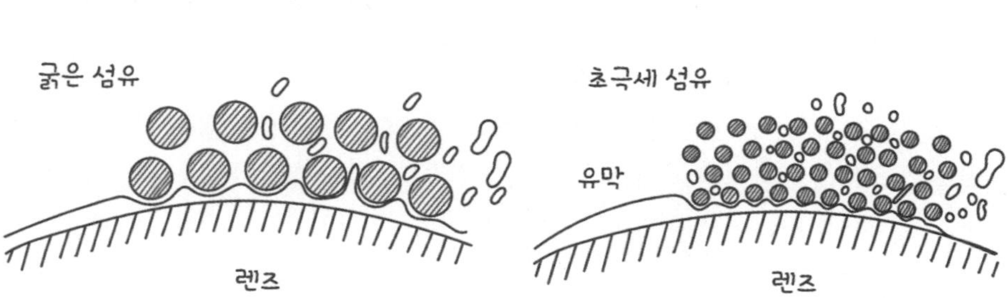

그림 4.9 굵은 섬유와 극세사 섬유의 닦음성 비교

4.1.4 의류용 섬유

| 태세섬유

태세섬유란 [그림 4.10]과 같이 두 가지 이상의 색을 혼합하여 독특한 색감과 광택을 갖는 '멜란지 효과'를 발현하는 소재이다.

섬유를 만들 때 섬유를 가늘게 늘이는 과정인 연신 공정을 거치는데, 이때 불규칙적으로 연신을 하면 섬유가 두꺼웠다가 가늘었다가를 반복하게 된다. 즉, 섬유의 굵기(섬도) 차이를 이용하면 시각적으로 두 가지 색이 혼합된듯한 효과가 발현된다. 현미경을 통해서 확대해서 보면 파란색과 노란색이지만 맨눈으로 볼 때는 금빛을 띠어 고급스러운 느낌을 준다.

그림 4.10 태세섬유의 멜란지 효과

| 잘 늘어나는 소재

'스판'이라는 단어를 많이 들어봤을 것이다. '스판'은 스판덱스 혹은 엘라스탄(유럽에서 탄성섬유를 부르는 명칭) 섬유인 폴리우레탄 탄성섬유를 의미한다. 탄성섬유는 일반적으로 폴리올과 디이소시아네이트 단량체를 이용하여 자유중합체(자유고분자, prepolymer)를 제조한 후 사슬연장제(chain extender)를 첨가하여 용융·화학·습식방사 방법 등을 통해 만든다. 잘 늘어나고 늘어난 만큼 다시 회복되는 성질인 탄성 회복률이 90 % 이상이며, 천연고무(530 %) 대비 신도는 대략 580 % 정도 늘어난다고 한다. 일례로 1 cm 길이의 탄성섬유가 최대 6.8 cm까지 늘어난다고 이해하면 된다.

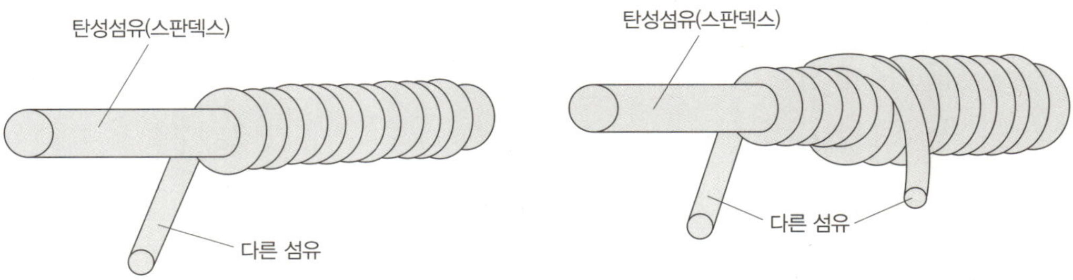

그림 4.11 피복사의 종류 SCY(좌)와 DCY(우)

이렇게 잘 늘어나는 성질로 인해 다른 직물이나 편물과 함께 혼방(blend spinning) 또는 혼편(blend knitting)하여 탄성섬유 주위를 다른 실로 한 벌 감은 SCY(single covered yarn)와 서로 반대 방향으로 두 벌 감은 DCY(double covered yarn) 등의 피복사로 주로 활용된다.

탄성섬유는 전 세계적으로 연간 생산량이 3만여 톤으로 그 사용량이 상당히 높고, 우리 일상 생활에서는 스키복, 수영복, 운동복. 슬랙스, 치마, 스타킹 등 다양하게 적용되고 있다.

| 투습방수 소재

공기나 수증기는 통(투)과되지만 물은 차단시키는 일명 고어텍스의 소재가 바로 투습방수 소재이다. 미국의 고어라는 사람이 발명하여 의류에 접목했다고 하여 고어텍스라고 잘 알려져 있으며 아웃도어 제품에 많이 적용되고 있다. 이는 바이오미메틱스 기술(생체모방; 자연에서 모방하는 과학기술)로 자연의 연꽃에 숨어있는 과학기술을 모방한 것이다. 연꽃잎 표면은 천연왁스로 코팅되어있고 작은 돌기가 있는데, 이 돌기들의 크기가 작아서 빗방울이나 물 등의 크기가 연꽃잎 내부로 들어오지 못하게 하지만 공기는 통과가 가능한 원리이다(그림 4.12). 응용분야로는 스포츠·레저 분야인 테니스 웨어를 비롯해, 골프웨어, 스키웨어, 조깅웨어 및 슈즈 등이 있다. 또한 오리털 파카, 산악용 파카, 낚시용 의류, 텐트 등에도 적용되고 있다.

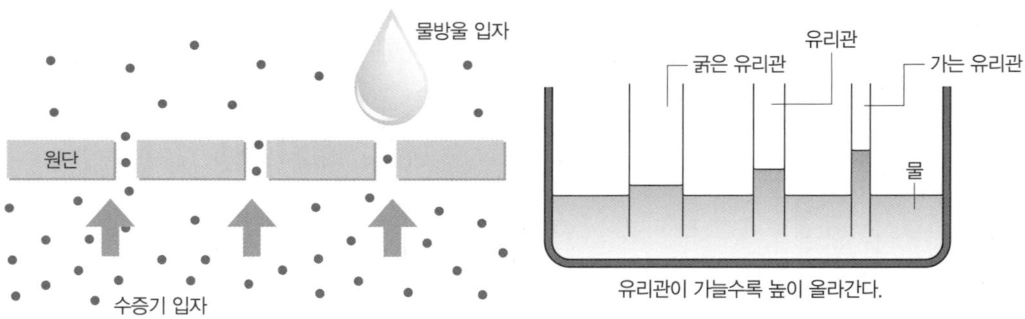

그림 4.12 고어텍스 소재의 투습방수 원리와 모세관 현상

이러한 투습방수 소재의 원리를 한층 더 개선하고 발전시킨 제품이 '스마트 쉴더'이다. 투습방수 기능성에 추가로 액체 방지, 오염방지 기능이 더 부여되어 외부 LED 조명용 필터, 아파트 방충망, 의료용이나 방파제 등으로 응용될 수 있는 기술이다.

| 흡한속건 소재

흡한속건은 말 그대로 '땀 한'에 '흡수할 흡', '빠를 속' '건조할 건'으로 땀을 흡수하여 외부로 빠르게 이동시켜 건조하는 원리이다. 일반 면섬유로 예를 들면 땀을 흡수하고 그 땀을 배출하지 못해 땀이 옷에 잔류하여 찝찝하고 냄새가 나며, 쾌적성도 떨어진다. 이러한 면섬유와는 달리 흡한속건 소재는 여름철 의류를 비롯해 기저귀, 생리대 등으로 많이 적용되고 있으며 쾌적성이 핵심인 기술이다. 이러한 소재도 물리적 방법과 화학적 방법으로 구분할 수 있다. 물리적 방법의 경우는 섬유의 단면형태를 변화시키거나 직물의 구조를 제어하는 것이고, 화학적 방법은 친수성을 갖는 고분자 소재를 활용하여 의류로 만드는 것이다(그림 4.13).

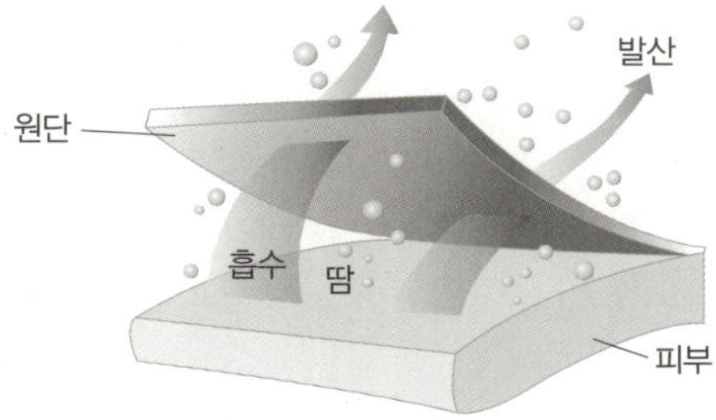

그림 4.13 흡한속건 소재의 메커니즘

| 감온변색(thermochromic)과 감광변색(photochromic) 소재

카멜레온 섬유라고도 하며, 주위 외부환경(온도, 빛)에 적응하여 색이 변하는 소재인데 온도를 감지하여 색이 변하게 되면 감온변색 소재이고, 빛을 감지하여 색이 변하면 감광변색 섬유라고 한다. 온도나 빛에 따라 무색 유색, 가역적 비가역적으로 색의 변화가 가능하다(그림 4.14).

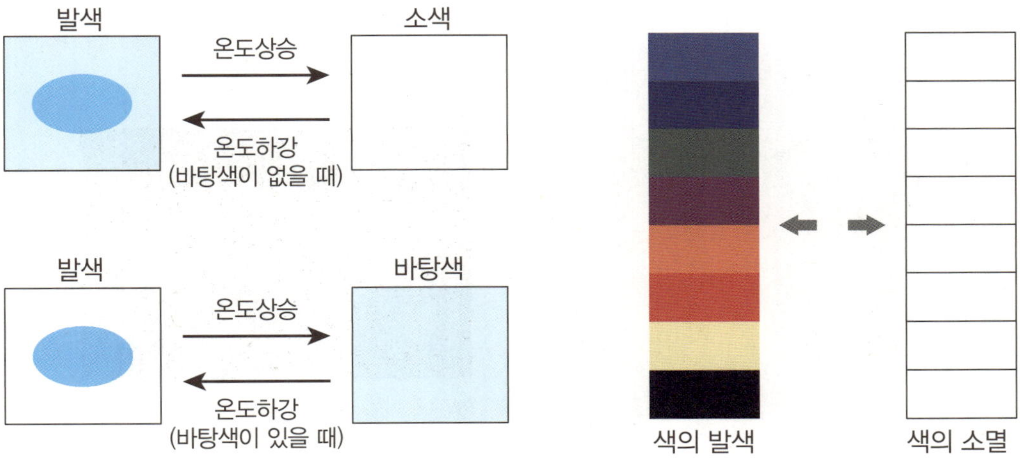

그림 4.14 감온변색 소재의 색상변화

| 야광 소재

야광은 야간이나 어두운 장소에서 빛을 내는 것을 말한다. 야광 물질이 주변의 빛을 받아 흡수하여 저장하고, 빛을 제거하면 야광 물질이 흡수했던 빛을 다시 방출하는 것이 야광의 원리이다.

우리는 어두운 장소에서도 빛을 볼 수 있는데, 좀 더 자세히 설명하자면 일종의 전자기파 때문이다. 물질에는 '전자'가 존재하고 빛을 흡수하여 에너지를 얻게 된다. 그럼 원래의 바닥 상태보다 더 높은 상태(들뜬상태)로 이동하게 된다. 이 들뜬상태에 있던 전자에 빛이 제거되면 다시 원래의 바닥상태로 회귀한다. 그러나 야광 물질은 타 물질과는 달리 바로 바닥상태로 회귀하지 못하고 천천히 회귀하는 특성이 있다. 이때 빛 에너지가 회귀하는 시간만큼 방출되는 것이다. 야광을 나타내는 조건은 특이한 전자궤도를 지니고 있어야 한다. 여기서 전자궤도란 바닥상태와 들뜬상태가 아닌 중간 정도의 궤도를 말한다. 다시 말해 들뜬상태의 전자가 불안정한 중간 정도의 궤도를 배회하면서 빛을 방출하면서 다시 바닥상태로 회귀하는 것이다. 이처럼 야광 물질은 보통의 물질과는 다른 특이한 전자궤도를 갖고 있어야 한다.

야광 물질의 종류는 크게 천연물질, 인공물질, 방사선물질로 나뉜다. 먼저 천연물질로는 보석류, 황화 광물 등이 있고, 인공물질로는 알칼리 토금속의 황화물, 황화 아연 등이 있다. 방사선물질로는 라듐(radium, Ra)이나 스트론튬(strontium, Sr) 등을 사용하여 형광 기능을 더 강화한 것도 있다.

야광 소재의 제조방법은 섬유 속에 빛을 저장할 수 있는 야광 물질을 소재와 함께 배합하여 제조한 실로 원사 자체가 발광하므로 효능이 영구적이다. 또한 자연광뿐만 아니라 인공조명을 통해서도 빛을 축적하여 어두운 밤이나 빛이 없는 곳에서 스스로 빛을 낸다. 야광 소재의 용도로는 안전 분야(소방용 로프, 장갑, 미화원 복장), 팬시용품 분야(모자, 가방, 텐트, 가발), 레저·스포츠의류의 로고(낚싯줄의 찌) 및 기타(양말, 스타킹, 속옷, 신발 끈, 침장류, 장난감), 교통 표지판, 안전작업복, 각종 전자 기기의 문자판, 전자시계, 각종 문구류(야광 판, 야광 스티커) 등에 활용되고 있다. 이처럼 야광섬유는 생활 속에서 광범위하게 활용되고 있다.

그림 4.15 야광 소재를 이용한 안전 조끼와 야광 스티커
[출처: ©Sanit Fuangnakhon, Rem.photographer/Shutterstock]

| 재귀반사 소재

재귀반사란 빛이 어느 방향, 어떠한 각도로 조사되더라도 물체(광원)의 방향으로 빛을 반사하는 것을 말한다. 즉, 빛을 제자리로 다시 돌려보내는 것이다. 일례로 자동차의 전조등에서 나온 빛이 도로표지판을 비추면 전조등의 빛이 운전자에게 반사되도록 하여 도로표지판의 식별

을 용이하게 할 수 있다. 굴곡진 도로표지판, 야간도로 작업표시판 등 밤중에 교통사고율을 낮추기 위해 재귀반사 제품의 착용을 의무화하고 있다. 재귀반사 소재는 미세한 유리 구슬(bead) 반사체를 원단 또는 고분자 필름 위에 균일하게 코팅하여 입방체 형태의 마이크로 프리즘(micro prism)을 만들어 광원으로 빛을 회귀시키는 소재이다(그림 4.16). 3M사 제품 중 반사테이프가 부착된 옷의 경우 가시거리가 150 m 이상으로 매우 높다. 재귀반사 소재의 용도로는 라벨, 구명조끼, 학생복, 우의 등이 있다.

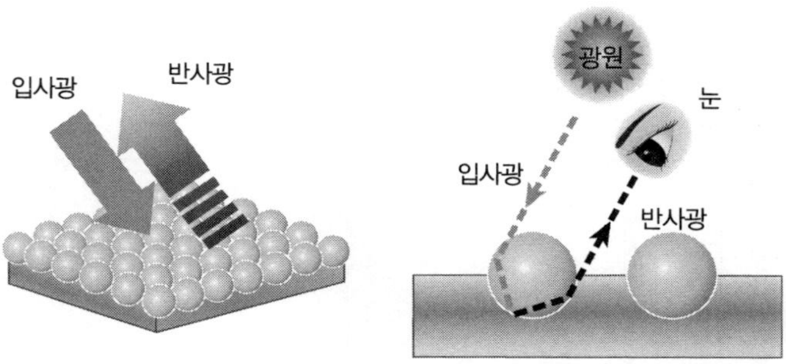

그림 4.16 재귀반사 섬유의 원리

| 보온 소재

온도를 보존하는 것으로 열이동 메커니즘인 대류, 전도, 복사 각각의 원리를 통해 보온효과가 발현된다.

먼저 대류는 섬유 내부를 중공화 시키거나, 섬유를 가늘게 하여 공기를 세분화한다. 또는 고밀도 직물을 활용하여 공기의 투과를 적게 한다.

다음으로 전도는 직물의 공기함량을 높게 하여 열전도율이 작은 공기층을 만들거나 소수성(물과 친하지 않은 성질) 섬유를 활용한다. 우리가 흔히 겨울철에 입는 오리털(duck) 거위털(goose) 다운 재킷 등은 공기층을 부여하는 기술로 특히 극세섬유를 만들어 공기함량을 향상시킬 수 있다. 또한 '기모'라는 단어를 들어봤을 텐데 기모 가공은 정지된 공기층을 부여하는 기술에서 나온 말이다.

마지막으로 복사는 복사열을 금속증착 면을 통해 반사시켜 열 발산을 억제한다. 일례로 복사의 경우 보온효과를 높이기 위해서 보온병을 생각할 수 있는데, 보온병 내부에 알루미늄을 증착시켜 복사열의 발산을 방지하여 열을 보존하는 원리이다.

반면 열전도율이 높을수록 열이 빨리 바깥으로 배출되는데 한산모시와 같은 소재가 그 예이다.

| 축열 소재

축열은 열을 축적하는 원리로 최근 기술의 방향은 알루미늄과 세라믹(산화·탄화 지르코늄)을 이용한 원적외선 방사 소재 개발이다. 원적외선 방사는 태양으로부터 조사된 빛에너지를 의류

표면의 세라믹이 흡수(광흡수)하여 열에너지로 변환(열변환)시켜 의류 내부로 보내면, 이 열에너지가 인체로부터 발생하는 열(원적외선)을 세라믹이 반사(열반사)하여 의류 내부의 열을 축적(축열 보온 효과)한다. 즉, 광흡수, 열변환, 열반사를 통해 축열 보온 효과가 발현되는 것이다.

이러한 원적외선 소재는 인체흡수 시 신진대사를 촉진시켜 주며 혈액순환을 도울 뿐 아니라 상온에서 탈취·부패방지·발효·살균 효과 등을 발현한다. 또한 자율신경(부교감신경)을 자극하여 통증을 제거하는 데도 효과적이다. 용도로는 자동차 시트, 진통 효과 보호대, 욕창 방지시트 등이 있다(그림 4.17).

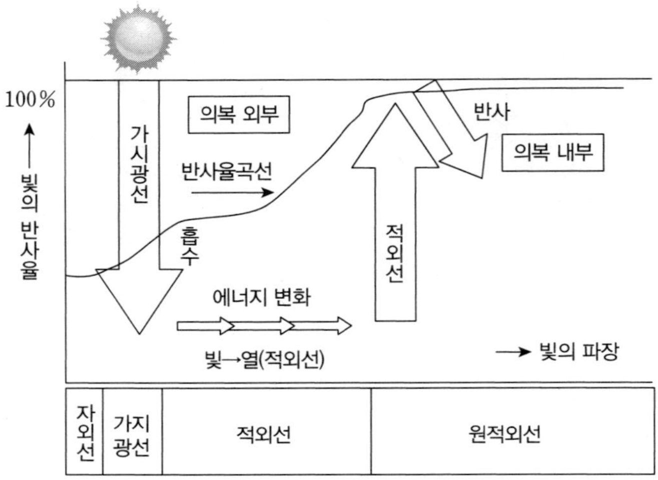

그림 4.17 축열·보온 소재의 원리

항균·방취 소재

세균 번식 억제, 곰팡이·악취 및 섬유 취하변색 보호를 위한 섬유로 항균제 처리를 통해 방취 효과를 발현한다.

1장에서 소취제 및 탈취제를 언급한 바 있다. 먼저 악취에 대해 정의하자면, 탄수화물, 지방, 단백질 및 생체 구성성분이 세균 등에 의해 분해되어 만들어지는 휘발성 입자 물질로 불쾌감이나 자율신경(두통·초조감·의욕상실 증상)을 손상시킬 수 있다. 이러한 3대 악취물질로는 암모니아(NH_3), 메틸 매르캅탄(CH_3SH), 황화 수소(H_2S)가 있다.

악취물질 발생 시 곧바로 제거하지 않으면 세균이 증식하여 또 다른 악취를 발생하게 된다. 이때 항균 방취 작용은 세균증식을 억제하는 역할을 한다. 그런데도 악취가 남아있을 경우 소취 작용을 통해 악취물질을 제거한다.

우리 생활 속에는 은(Ag^+) 이온 무기계 항균제를 이용하여 항균, 항곰팡이성을 부여하는 제품이 있다. 은 이온의 작용은 바이러스, 세균, 곰팡이 등의 발생을 억제하거나 불활성화 및 미생물을 노화시켜 악취 증의 발생을 예방한다. 또한 조류인플루엔자, 인플루엔자 등 바이러스를 제거하는 성능도 있다. 용도로는 공기청정기, 에어컨 등의 중간 필터나 양말, 마스크, 비데, 냉장고, 핸드폰, 항균 도마, 욕실용품 등 다양한 전제제품 및 생활용품 등에 적용되고 있다.

| 소취 소재

소취란 항균 방취 기술을 적용할 수 없는 용도나 장소 등에서 발생하는 악취를 제거하는 가공으로 악취물질을 분해·흡착하고 방향 물질을 이용한 마스킹(masking) 등의 역할을 하여 우리 코가 악취 감지를 하지 못하게 도와준다. 소취화 방법은 크게 생물계 소취제, 화학적 소취제, 감각적 소취제, 물리적 소취제로 분류할 수 있다.

생물계 소취제는 미생물 및 인공효소인 촉매 활성을 이용하고, 화학적 소취제는 중화반응이나 화학반응을 적용하고, 감각적 소취제는 방향 물질인 자연 소취 성분을 후처리한다. 물리적 소취제는 활성탄(AC, activated carbon)을 사용한 다공성 물질로 악취분자를 각각 흡착하여 제거한다. 이때 물리적인 방법의 경우 활성탄소가 흡착의 포화상태가 되면 효과가 없어지지만, 생물적인 방법인 인공효소의 경우 촉매작용을 통해 영구적으로 이용할 수 있다.

용도로는 침구류, 구두 중간재, 화장실 용품, 자동차 내장용품, 장난감, 실내장식 및 의료용으로 적용된다.

활성탄에 대해 설명을 추가하자면, 제올라이트, 벤조나이트 등과 함께 중금속 및 희귀금속을 흡착할 수 있는 흡착제로 적용할 수 있다. 산업폐수에서 나오는 중금속·희귀금속은 유기용매 추출이나 활성탄 흡착 및 화학적 방법으로 처리하고 있다. 최근에는 활성 바이오처리 공정을 통해 산업폐수에 대한 분해특성이 뛰어난 세균과 효모를 활용하기도 한다. 물론 발생한 폐기물 등은 매립·소각을 하는 상황인데, 향후 재활용하는 방향으로, 즉 바이오분해 연구 방향으로 진행될 것으로 보인다.

| 향기 소재

최근 건강과 쾌적성에 대한 사람들의 관심이 급증하면서 정신적 스트레스를 완화시켜주는 향에 이목이 쏠리고 있다. 일례로 라벤더 향은 최면, 편두통, 불안 해소 및 우울증 등을 치료해 줄 수 있다. 로즈메리 향은 식욕 억제를 도와주고, 레몬 향은 식욕을 촉진시켜주는 기능을 한다. 이러한 향기 섬유의 제조방법은 여러 종류가 있지만 대부분 '마이크로캡슐 가공법'을 활용한다. 마이크로캡슐 가공이란 향료와 같은 기능성 물질을 마이크로 크기의 캡슐 속에 넣어 섬유 표면에 부착하여 기존 섬유에 새로운 기능성을 부여하는 것을 말한다. 이때 핵심기술은 직물의 태를 손상하지 않는 범위 내에서 캡슐을 부착하고, 마이크로캡슐의 크기와 벽의 강도를 잘 제어해야 한다. 또한 세탁 시 기능성 물질이 이탈되지 않는지도 중요하다. 용도로는 침구류, 넥타이, 향기 우표, 페인트, 스타킹, 스카프 등이 있다.

| 제전성 소재

제전성 소재는 정전기를 방지해주는 소재이다. 일반적으로 절연체의 경우 물체의 표면에 전하가 남아 대전현상이 발생하며 이를 '전기전도성(도전성)이 낮다'라고 말할 수 있다. 반면 도체나 반도체의 경우 분산된 전기를 띠기 때문에 이를 '전기전도성(도전성)이 좋다'라고 말할 수 있으며, 주로 대전방지제(완벽히 정전기의 발생을 억제할 수는 없음)로 사용된다. 또한 다른 측면에서 볼 때 친수성 소재는 대전현상이 발생하지 않아 대전방지제에 적용되는 반면 소수성 소재(예를 들어 폴리에스터 등)는 대전현상이 일어난다.

이러한 정전기를 제거하는 제전성을 부여하는 방법은 궁극적으로 정전기를 외부로 신속하게 분산시키는 것이 핵심이다. 이때 온도가 높을수록 효과는 증가하며, 세탁 내구성 또한 중요한 요소로 작용한다.

| 도전성 소재

도전성 소재는 카펫 또는 특수 작업복에 사용되고 있으며 최근 크린룸용 방진복에 큰 이목을 받고 있다. 방진복이란 먼지가 의복 내부로 통과하지 않고 의복 표면에 붙지도 않게 하는 의복이다. 이러한 성능 외에 내약품성, 내세탁성 및 착용감 등의 기능성이 요구된다. 최근에는 기계, 정밀 전자 분야의 진보에 따른 크린룸의 청정도는 매우 높아졌으며 방진복에 요구되는 성능도 고도화되고 있어서 고성능 무진복의 개발이 꾸준히 연구되고 있다.

그림 4.18 크린룸용 방진복 [출처: ⓒMongkolchon Akesin/Shutterstock]

| 전자파 차폐 소재

전자파란 전기파와 자기파의 수렴을 통해 진행되는 파장을 의미하며, 전자파의 전도를 높이기 위해 도전성 섬유를 사용한다. 일반적으로 전자파 차폐섬유는 도금하거나 복합 방사를 통해 만들어지며 용도로는 임산부용 거들, 작업복, 핸드폰 패드 등에 적용되고 있다.

전자파 차단 신소재 나노물질 중 기존 금속 전자파 차단제의 경우 비싸고 쉽게 부식되는 반면 얇고 가벼운 전자파 차단소재가 개발되어 왔다. 금속은 약 1/20 두께(45 μm)의 얇은 필름 상태에서 높은 전자파 차폐 성능을 발현한다. 이러한 성능은 우수한 전기전도도 특성과 강한 내부 다중반사효과에 기인한다고 한다.

| 바이오미메틱스

바이오미메틱스(biomimetics, 생체모방)란 1972년 Breslow 교수에 의해 처음 사용된 용어로 Bio='Living System'과 Mimetic='Imitation'의 혼용어로 자연이나 생태계에서 모방을 통해 사람이 만드는 과정, 기반, 장치 및 시스템을 모두 아우르는 말이다.

많은 예를 상기에서도 언급하였지만, 추가하면 Fastskin 사에 스피도(SPEEDO)라는 수영복 제품이 있는데, 이 수영복의 구조는 상어 돌기인 덴티클(denticles) 구조로 되어 있으며 이러한 구조는 수영할 때 수력저항력을 억제시켜 수중에서 전진(추진력)이 쉽도록 해준다. 최근에는 이러한 최신 기술이 집약된 수영복에 약물 도핑이 아닌 '기술 도핑'이라는 수식어가 쓰일 정도로 주목받고 있다.

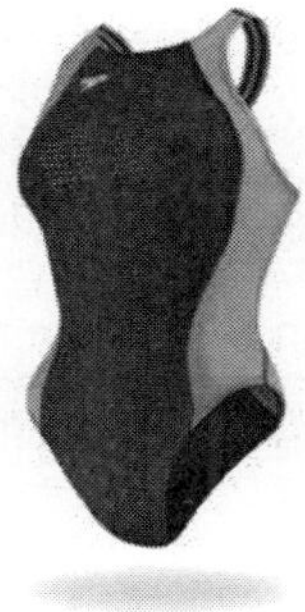

그림 4.19 상어의 돌기 구조를 모방한 바이오미메틱 수영복

| 내열성 소재

열에 잘 견디는 성질을 갖는 소재를 의미하며, 레이싱복, 용접복, 내열 작업복을 비롯해 방염복, 소방복, 방염 커튼 등으로 적용되고 있다. 일례로 직물에 불꽃을 가하면 주위로 화염이 전파되면서 전부 타서 재가 되지만, 내열성 소재는 화염이 주변으로 전이가 안 되고 화염이 가해진

그림 4.20 내열성 소재로 만든 소방복 [출처: ⓒME Image/Shutterstock]

부분만 타면서 동시에 자체적으로 불꽃이 사라지는 자기 소화성(self-extinguish) 소재이다. 또한 유해가스도 덜 방출되어 2차 사고를 예방할 수 있다.

통상적으로 화재 시 불에 타 죽는 경우보다 2차 가스 발생 때문에 가스를 흡입하면서 호흡곤란으로 인한 질식사가 더 많다고 한다. 다음 표 4.1은 대표적인 내열성 고분자 섬유의 개발연도와 회사(상품명)를 정리하여 나타낸 내용이다.

표 4.1 내열성 섬유의 역사

연도	상품명	개발사
1962	poly(m-phenyleneisophthalamide)(PMIA) [Nomex®]	Dupont(미국)
1964	Polyimide(PI) [Kapton®]	Dupont(미국)
1966	Polyphenylenesulfide(PPS) [Ryton®]	Phillips(미국)
1971	Polyarylate(PAR) [U-polymer®]	Unitika(일본)
1972	Poly(p-phenyleneterephthalamide)(PPTA) [Kevlar®]	Dupont(USA)
1980	Polyetheretherketone(PEEK) [Victrex®]	ICI(영국)
1984	Liquid crystal polymer(LCP) [Xydar®]	Amoco(미국)
1987	Poly(p-phenylene terephthalamide)(PPTA) [Technora®]	Teijin(일본)
1998	Polybenzoxazole(PBO) [Zylon®]	Toyobo(일본)

생활 속 화학을 만나다

CHAPTER

05

의식주 2탄: 음식의 질을 높여주는 기능성 재료

5.1 식품첨가물

5.1.1 개요

인공향미 혹은 천연향료 성분과 같은 식품첨가물은 우리에게 어떤 영향을 줄까? 다양한 식품첨가물에 대해 알아보고자 한다. 먼저, 식품첨가물이란 무엇인지 식품첨가물에 대한 기구별 다양한 정의를 살펴보자. UN 식량농업기구(FAO)와 세계보건기구(WHO)에서는 식품첨가물에 대해 식품의 외관, 향미, 조리 또는 저장성을 향상시키기 위한 목적으로 식품에 소량 첨가되는 비영양 물질로 정의하고 있고, 유럽연합(EU)에서는 감미, 착색, 보존 등과 같이 일정한 기술적 기능을 획득하기 위해 식품에 의도적으로 첨가된 물질로 정의하고 있다. 또한 CODEX(국제식품규격위원회)는 식품의 일반적인 구성성분이 아니고 그 자체를 식품으로 사용하지 않으며 영양가와 상관없이 식품의 저장, 수송, 포장, 충진, 조제, 가공에 기술적인 목적으로 식품에 의도적으로 첨가하는 물질로 정의하고 있다.

우리나라의 경우 위 정의들과 유사하게 식품을 제조, 가공, 조리, 보존하는 과정에서 감미, 착색, 표백, 산화 방지 등의 목적으로 식품에 사용되는 물질로 정의하고 있다. 그렇다면 "식품첨가물은 과연 안전한 성분인가요?"라는 질문에 결론적으로 말하면 "네!"라고 자신 있게 말할 수 있다. 왜냐하면 식품첨가물로 지정되고 사용되기 위해서는 식품첨가물의 필요성과 안정성을 증명할 수 있는 과학적인 신뢰성과 증빙이 뒷받침되어야만 한다. 일례로 식품첨가물질이 안전성 평가를 통과하려면 다음의 시험과정을 거쳐야 한다. 단독투여 독성시험, 반복투여 독성시험, 생식 및 발생 독성시험, 면역 독성시험, 발암성 시험의 단계를 거쳐서 안전성이 입증되면 통과가 되는 것이다. 이처럼 식품첨가물의 안전성은 여러 시험을 거치기 때문에 충분하다고 말할 수 있다. 따라서 이러한 안전성 평가를 통해 식품첨가물의 1일 섭취허용량(Acceptable Daily Intake, ADI)을 설정할 수 있고, 그보다 훨씬 적은 양이 식품첨가물이 사용되고 관리되기 때문에 여러 식품을 통해 섭취되는 식품첨가물은 인체 건강에 해롭지 않다는 것을 알 수 있다. 여기에서 ADI란 사람이 평생 매일 먹더라도 해로운 작용이 발생하지 않는 체중 1 kg당 1일 섭취량으로 정의된다. 그렇다면 식품첨가물 1일 섭취허용량은 어떻게 설정할 수 있을까? 표 5.1에서 확인

표 5.1 식품첨가물의 1일 섭취허용량(ADI) 설정방법

단계		설명	예시
1단계	동물에게 안전한 양 (실험동물 ADI)	동물실험을 통해 동물이 평생 먹어도 안전한 양을 알아낸다.	블록 100개
2단계	인체에 안전한 양 (인체 ADI)	1단계에서 알아낸 양의 100분의 1 수준을 1일 섭취허용량으로 설정한다.	블록 1개

할 수 있듯이 1단계로 동물실험을 통해 동물들이 평생 먹어도 되는 안전한 양을 확인하고, 2단계로 그 양의 1/100 수준을 ADI로 설정하면 된다.

그렇다면 식품첨가물을 많이 먹을 경우에 몸속에 얼마나 축적되는지 궁금할 수 있는데, 결론적으로는 몸속에 축적되지 않는다. 식품첨가물은 섭취하게 되면 몸에 축적되지 않고 대부분 간에서 대사되어 소변으로 빠르게 배출된다. 여기서 대사란 물질이나 에너지가 이동하는 것을 의미한다. 일례로 음료수에 포함된 안식향산 나트륨 보존료를 섭취했을 때, 침샘을 지나 식도를 거쳐 위장에 이르게 된다. 이때 위장 속은 산성을 띠기 때문에 안식향산 나트륨이 안식향산으로 바뀌어 위장에서 쉽게 흡수된다. 그리고 흡수된 안식향산의 대부분이 간에서 대사되어 몸 밖으로 배출되기 쉬운 형태로 전환된다. 이후 바뀐 형태는 대장을 거쳐서 빠르게 소변을 통해 배출된다. 즉, 섭취 후 4시간 이내에 약 97% 정도 배출되고, 나머지가 약 10~14시간 이내에 모두 배출된다. 이러한 과정을 통해 체내에 식품첨가물이 축적되지 않는 것이다.

5.1.2 동·식물의 천연 성분

우리가 앞서 배운 폴리에스터와 폴리아마이드(나일론)의 경우 의류용 및 산업용으로 사용된다고 언급한 바 있다. 나아가 화학구조식이 에스터기(−COO)나 아마이드기(−CONH)를 갖는 식품첨가물의 경우 각각 우리의 후각과 미각을 사로잡을 수 있다. 식물과 동물에 각각 어떤 성분이 들어가는지 살펴보고자 한다.

[그림 5.1], [그림 5.2]와 같이 사과, 파인애플, 오렌지, 포도 등의 과일과 재스민향의 화학구조를 살펴보면 모두 에스터기가 포함된 것을 확인할 수 있다. 마찬가지로 고추의 매운맛 성분(캡사이신)와 후추 성분은 화학구조 내에 아마이드기로 구성된 것을 알 수 있다.

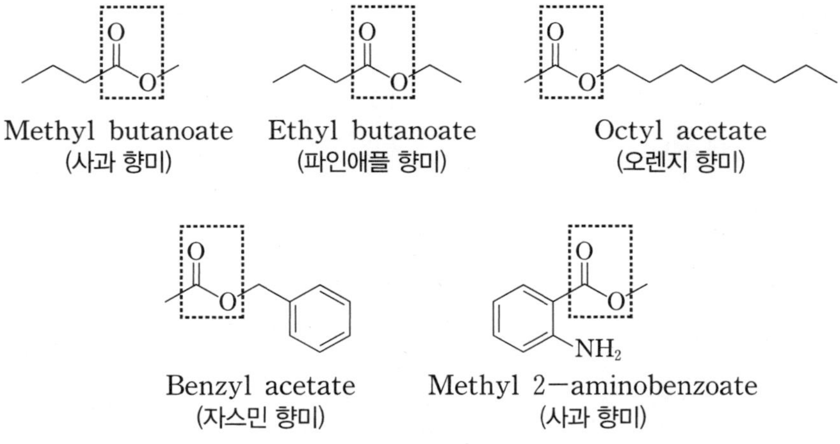

그림 5.1 에스터기를 포함한 인공향미 성분

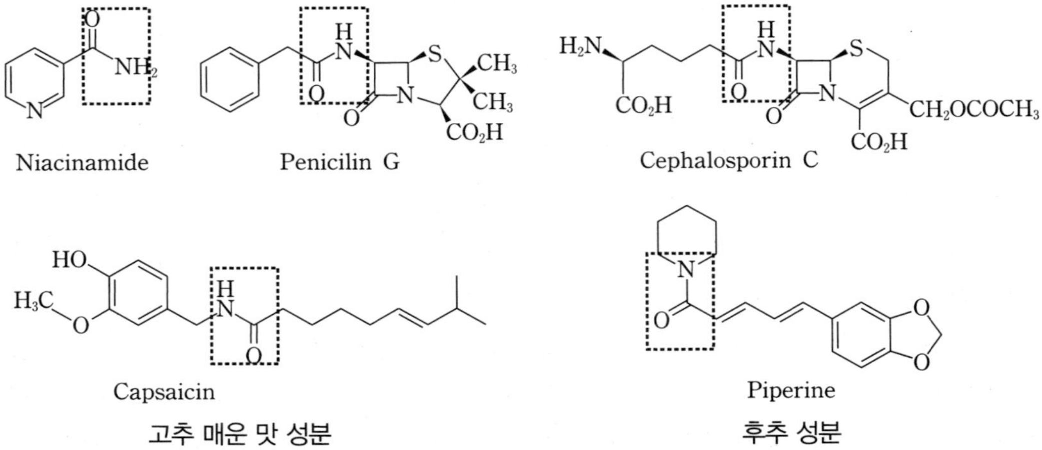

그림 5.2 아마이드기를 포함한 천연향료

또한 마늘, 양파, 버섯 향, 브로콜리 성분 등에 황화합물(–S–, –S–S–)이 속해 있는 것을 알 수 있다(그림 5.3). 동물성분의 경우 시베트 고양이, 무스콘 등의 분비물에서도 모두 천연향료를

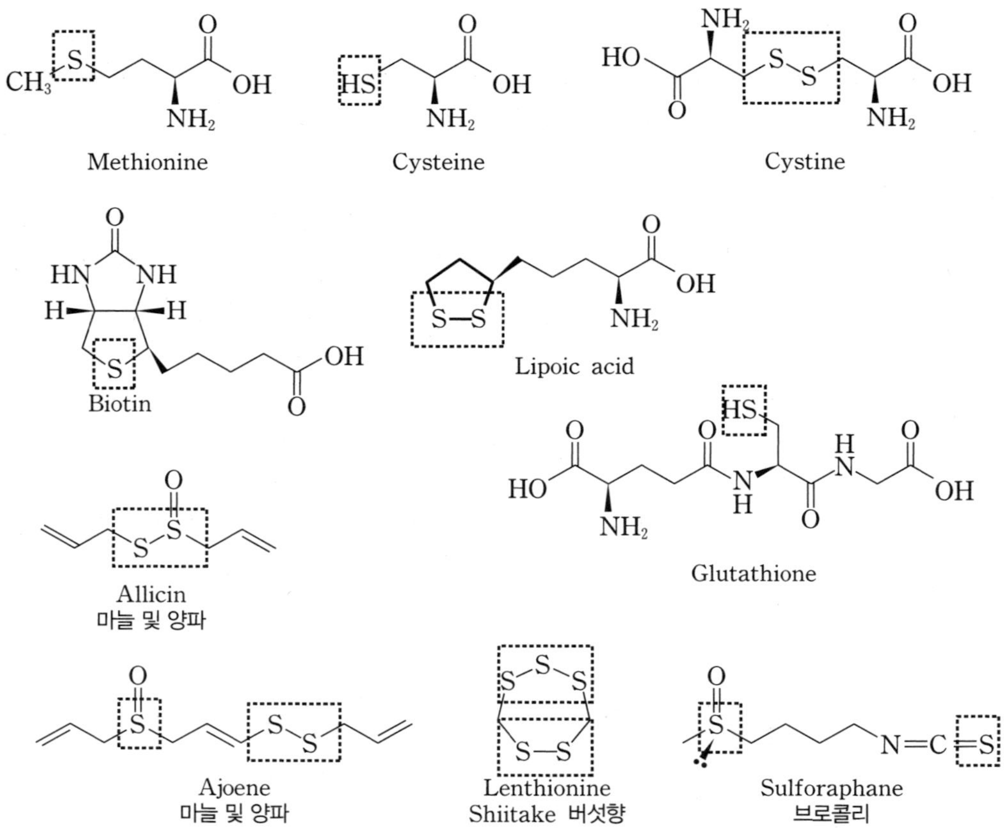

그림 5.3 천연 유기 황화합물

얻을 수 있다. 이처럼 생활 속 전반에 걸쳐 향료와 식품첨가물 등이 작은 단위인 탄화수소(탄소와 수소로 구성)를 비롯해 에스터(−COO)기, 아마이드(−CONH)기, 케톤(C=O)기, 알데하이드(−CHO)기 등을 포함하고 있다. 그렇다면 이러한 인공향미 성분이나 천연향료 및 천연 성분 등이 식품첨가물로 활용되어 우리에게 어떤 영향을 주는지 알아보자.

5.1.3 인공(합성) 성분

표 5.2는 우리나라에서 지정된 식품첨가물 31개의 용도를 구분하여 나타낸 것이다. 전체적으로 다룰 수는 없지만, 대표적으로 몇 개만 구체적으로 언급하고자 한다.

먼저 **맛 관련 식품첨가물**에는 감미료, 향료 그리고 향미증진제가 있다. 대표식품을 살펴보면, 청량음료, 어패류 및 장류 등이 감미료에 속한다. 그리고 껌, 과자, 아이스크림, 주스 등이 향료에 속하고, 조미료나 냉동 어묵 등이 향미증진제에 속한다.

다음으로 **변형 관련 식품첨가물**로는 고결방지제, 거품제거제, 습윤제, 안정제, 유화제 및 응고제가 있다. 대표식품을 살펴보면, 분말류 크림 등이 고결방지제에 속하고, 간장, 맥주, 잼 등이 거품제거제에 포함되며, 냉동 유제품류, 푸딩 등이 습윤제에 속한다. 또한 요구르트나 마요네즈 등이 안정제에 포함되고, 마가린, 케이크, 캐러멜 등이 유화제에 속하며, 두부 등이 응고제에 포함된다.

외형 관련 식품첨가물의 대표식품을 살펴보면, 빵, 국수 등의 밀가루개량제와 간장, 맥주, 잼 등의 발색제 및 치즈, 버터, 사탕 등의 착색료가 이에 속한다.

마지막으로 **보존 관련 식품첨가물**의 대표식품을 살펴보면, 소시지, 어묵, 장류 등의 보존료와 냉동품, 염장품 등의 산화방지제, 육가공, 수산물 가공 등의 살균제 및 과자류 등의 충전제가 여기에 포함된다.

표 5.2 식품첨가물의 용도별 분류

	용도	내용
1	감미료	식품에 단맛을 부여함
2	고결방지제	식품의 입자 등이 서로 부착되어 고형화되는 것을 감소시킴
3	거품제거제	식품의 거품 생성을 방지하거나 감소시킴
4	껌기초제	적당한 점성과 탄력성을 갖는 비영양성의 씹는 물질
5	밀가루개량제	밀가루나 반죽에 첨가되어 제빵 품질이나 색을 증진시킴
6	발색제	식품의 색을 안정화시키거나 유지 또는 강화시킴
7	보존료	미생물에 의한 품질 저하를 방지해 식품의 보존 기간을 연장함
8	분사제	용기에서 식품을 방출시키는 가스
9	산도조절제	식품의 산도 또는 알칼리도를 조절함

(계속)

10	산화방지제	산화에 의한 식품의 품질 저하를 방지함
11	살균제	식품 표면의 미생물을 단시간 내에 사멸시킴
12	습윤제	식품이 건조되는 것을 방지함
13	안정제	두 가지 또는 그 이상의 성분을 일정한 분산 형태로 유지시킴
14	여과보조제	불순물 또는 미세한 입자를 흡착하여 제거함
15	영양강화제	식품의 영양학적 품질을 유지하기 위해 제조공정 중 손실된 영양소를 복원하거나 영양소를 강화시킴
16	유화제	물과 기름 등 섞이지 않는 두 가지 또는 그 이상의 상을 균일하게 섞어주거나 유지시킴
17	이형제	식품의 형태를 유지하기 위해 원료가 용기에 붙는 것을 방지하여 분리하기 쉽게 도와줌
18	응고제	식품 성분을 결착 또는 응고시키거나 과일 및 채소류의 조직을 단단하거나 바삭하게 유지시킴
19	제조용제	식품의 제조 및 가공시 촉매, 침전, 분해, 청징 등의 역할을 하는 보조제
20	젤형성제	젤을 형성하여 식품에 물성을 부여함
21	증점제	식품의 점도를 증가시킴
22	착색료	식품에 색을 부여하거나 복원시킴
23	추출용제	유용한 성분 등을 추출하거나 용해함
24	충전제	산화나 부패로부터 식품을 보호하기 위해 식품 제조시 포장 용기에 의도적으로 주입하는 가스
25	팽창제	가스를 방출하여 반죽의 부피를 증가시킴
26	표백제	식품의 색을 제거함
27	표면처리제	식품의 표면을 매끄럽게 하거나 정돈함
28	피막제	식품의 표면에 광택을 내거나 보호막을 형성함
29	향료	식품에 특유한 향을 부여하거나 제조공정 중 손실된 식품 본래의 향을 보강함
30	향미증진제	식품의 맛 또는 향미를 증진시킴
31	효소제	특정한 생화학 반응의 촉매 작용을 하는 데 사용됨

[출처: 31가지 식품첨가물 용도별 분류체계(식품의약품안전처)]

예를 들어 자일리톨껌의 통에 부착된 태그(tag)를 살펴보면, 기존에 31개 용도로 분류되기 전에는 단순히 합성착향료로만 표기하였으나, 현재는 첨가물마다 표기하였다(그림 5.4). 자일리톨은 감미료(식품에 단맛 부여), 애플향은 합성향료(식품에 특유한 향 부여, 식품 본래의 향 보강), 색소는 착색료(식품에 색 부여 및 복원), 구연산은 산도조절제(식품의 산도 및 알칼리도 조절) 등으로 표기한 것을 확인할 수 있다. 지금 주변에 있는 과자나 음료, 사탕 등에 표기된 태그(tag)를 확인하여 어떤 첨가물이 들어가 있는지 확인해 보자.

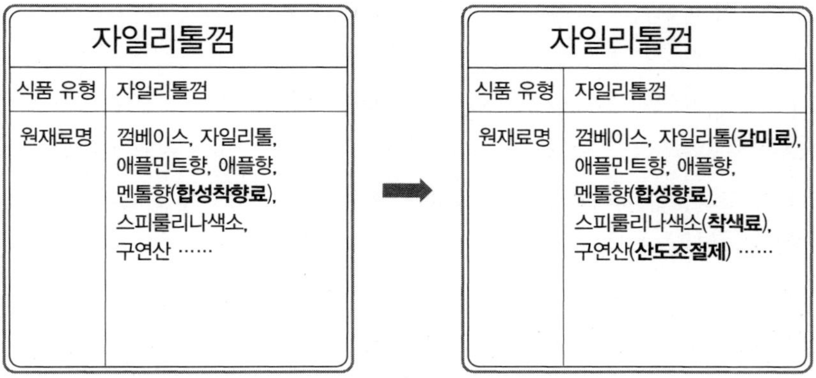

그림 5.4 식품첨가물의 표기

5.1.4 식품 관련 유전자변형 기술

유전자변형은 유전자를 인위적으로 재조합하거나 유전자 안에 존재하는 핵산을 세포나 세포 내 소기관으로 직접 주입하는 기술을 의미한다. 즉, 세포융합기술 등 바이오 공학기술을 이용하거나 적용하여 농산물, 수산물, 축산물, 미생물 등의 유전자를 변형시켜 재배·육성·생산한 것을 말한다. 또한, 유전자변형생물체(GMO, Genetically Modified Organism)는 이러한 유전자변형 기술을 적용하여 만든 생물체를 일컫는다. GMO에는 유전자변형 관련 농산물(옥수수), 축산물(염소), 미생물(세균), 수산물 등 여러 분야에 유전자변형 기술이 활용되고 있다(그림 5.5).

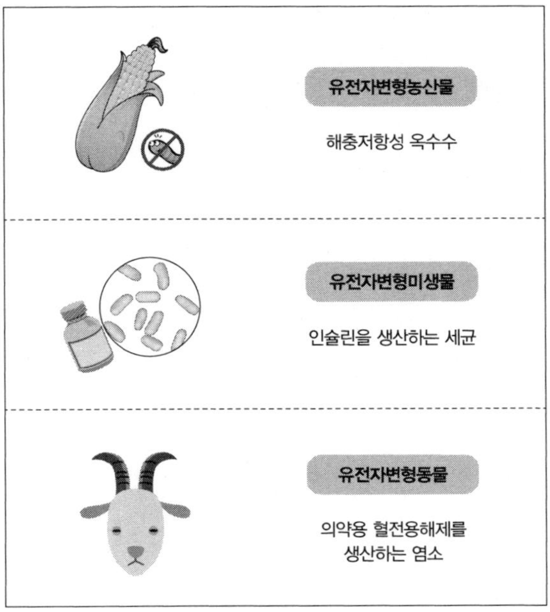

그림 5.5 유전자변형 기술의 활용

또한 유전자변형 식품은 위의 언급한 유전자변형 관련 원재료를 사용하여 제조·가공된 식품과 식품첨가물 및 건강기능식품 등을 의미한다. 유전자변형 식품은 입자총법(particle gun method), 아그로박테리움(argobacterium)법 등의 방법으로 제조할 수 있다. 입자총법이랑 식물세포에 DNA를 도입하는 것으로 식물세포는 세포벽을 가지고 있어 동물세포에서 사용하는 여러 가지 유전자 도입방법을 적용할 수는 없다. 금이나 텅스텐 입자에 응집된 DNA를 넣는 것으로 화약총 및 헬륨가스 압축총을 사용하는 방식이나 전기적으로 금속물질을 식물세포 내부로 첨가함으로써 식물체에 DNA를 도입하는 방식이다. 대부분의 유전자변형 제조방법은 미생물인 아그로박테리움을 사용하여 식물체에 유전자를 도입하고 있다. 구체적으로 알아보면 다음의 [그림 5.6]과 같다.

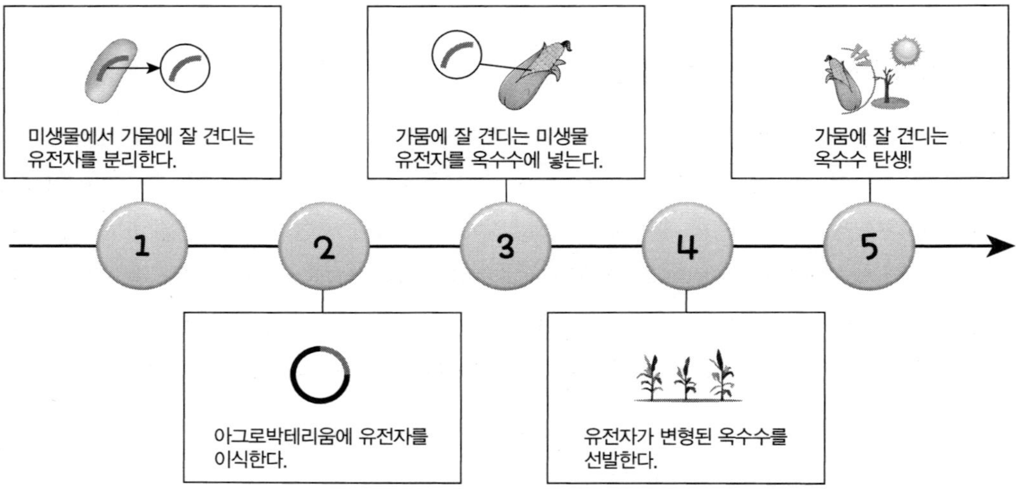

그림 5.6 유전자변형 제조방법: 아그로박테리움법

그렇다면 유전자변형 식품의 종류에는 어떤 것이 있을까? 전 세계적으로 볼 때 대부분 콩, 옥수수, 카놀라, 면화 등이 있으며, 기타 사탕무, 알팔파, 감자, 사과, 파파야 등도 개발되어왔다. 국내의 경우 유전자변형 식품 등에 대한 안전성 심사를 하고 있으며, 허가된 유전자변형 식품만 수입·유통될 수 있다고 한다(식품위생법 제18조). 위의 유전자변형 식품 중 국내에서 안전성 허가를 받은 농산물로는 콩, 옥수수, 면화, 카놀라, 사탕무, 알팔파 등이 있다. 단, 국내의 경우 현재까지는 유전자변형 농산물의 재배가 허용되지 않는다고 한다.

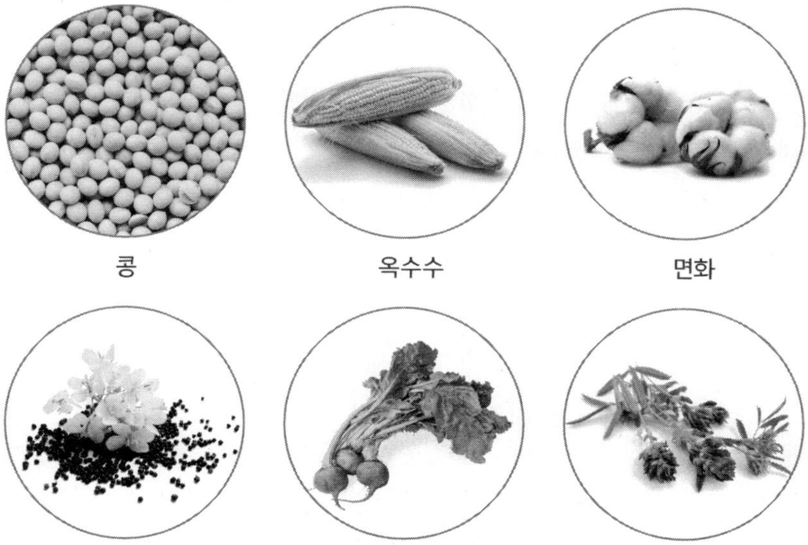

그림 5.7 유전자변형 식품의 종류
[출처: ©Amawasri, PIX, hvoya, Andrei, Evergreen, spline/Shutterstock]

5.2 친환경 퇴비와 친환경 비료

5.2.1 퇴비와 비료

농작물의 생산과 수확량을 증가시키고 땅심(지력)을 살리는 친환경 퇴비에 대해 알아보자.

퇴비와 비료의 차이를 구분하면, 퇴비는 농작물이 자라는 토양 환경을 개선하는 역할, 즉 '토양개량'이라 할 수 있고, 비료는 농작물 생육에 필요한 영양분을 공급하는 역할, 즉 '비료 효과'로 볼 수 있다. 하지만 요즘에는 토양개량뿐만 아니라 비료 효과도 제공하는 퇴비들이 제조되고 있다. 이러한 퇴비를 제조하는 목적은 토양에 유기물을 공급함으로써 토양의 물리성·화학성·미생물성을 개선하여 좋은 토양 환경을 조성하는 것이다. 일반적인 퇴비는 산야초, 짚, 낙엽, 톱밥, 해조류 등 모든 동식물체인 유기물을 퇴적 발효시킨 것이다. 반면 친환경 퇴비는 친환경농산물 생산에 사용할 수 있는 원료로 제조한 퇴비와 가축 분으로 항생물질이 포함되지 아니하고 충분한 발효과정을 거쳐 만든 퇴비를 말한다.

5.2.2 친환경 퇴비의 조건

퇴비에 필요한 조건은 다음과 같이 크게 세 가지로 나뉠 수 있다.

1) 작물에 장해가 없어야 한다.
- 유기산이나 페놀계 산 등 잡초 종자 등이 없어야 한다.

2) 환경에 유해하지 않아야 한다.
- 유해 중금속 또는 병원균을 포함하지 않아야 하며, 작물과 인체에 해로운 세균이나 해충 등이 있으면 안 된다.

3) 다루기 쉬워야 한다.
- 취급 시 악취, 수분 함량, 균질성, 저장성, 기계 작업의 편리성 등이 고려해야 한다.

한편 퇴비화 과정은 볏짚 류, 가축분, 톱밥, 왕겨, 나뭇가지 등 신선 유기물이 가지고 있는 유해성분이나 강한 조직 등을 미생물 발효를 통해 땅속에서 작물이 생육하기 좋도록 하는 것이다. 통상적으로 최소 3개월 이상 호기성 발효를 시킨 완숙퇴비만 친환경 농업에 도움이 된다.

5.2.3 퇴비화 과정

퇴비화 과정을 거쳐 호기성 발효로 잘 부숙(썩어서 익은)된 퇴비의 경우 양질의 토양을 생성할 수 있지만, 발효가 안 된 미부숙 퇴비의 경우 병충해 발생과 가스 장애 및 양분 결함으로 작물 생육에 나쁜 영향을 준다.

또한 퇴비를 제조하는 데 있어 장소도 고려해야 한다. 좋은 장소란 비가림 시설을 갖추고 있어야 한다. 만약 비가림 시설이 없다면 노지에서 산 모양으로 쌓을 수 있는 장소를 선택하여 비

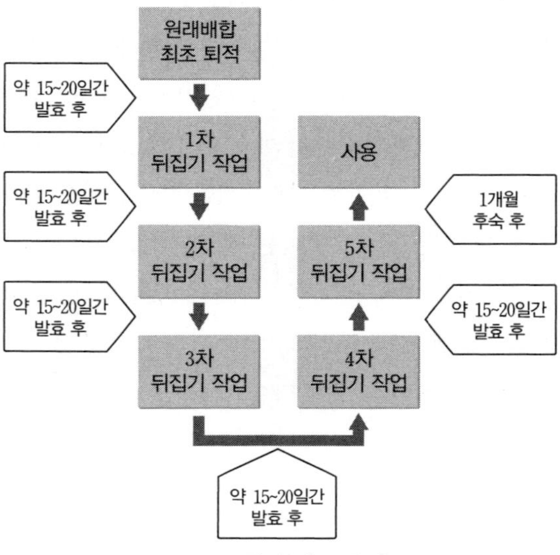

그림 5.8 퇴비 제조 공정도

가림 비닐로 덮어놓으면 된다.

[그림 5.8]은 퇴비 제조 공정도를 나타낸 것으로, 일반 퇴비(볏짚, 왕겨 등)는 2~3차 뒤집기 작업 후, 후숙 1개월 거쳐서 사용하면 된다. 반면 톱밥(목질류 포함)퇴비는 최소 5차 뒤집기 작업 후, 후숙 1개월 거쳐서 사용하면 좋다.

이러한 톱밥퇴비는 땅심을 높이는 가장 빠르고 효과적인 소재이다. 일반적으로 퇴비공장이나 농가에서 퇴비 제조 시 약 50 %에 가까운 톱밥 원료를 제일 많이 사용하며, 그 외 볏짚, 왕겨, 보릿짚, 낙엽, 갈대 등을 포함하여 톱밥퇴비를 제조한다. 하지만 이러한 톱밥퇴비를 제조할 때 두 가지 어려운 점이 발생한다.

첫째로 원료물질인 나무가 가진 독소를 제거하는 과정이다. 나무에는 유기화합물인 타닌(tannin)과 송진 등이 함유되어 있는데 이런 독소 성분들이 생육에 나쁜 영향을 주기 때문에 55~75 ℃ 조건에서 고온발효로 분해시키거나 독소를 제거해야 한다. 이때 발효온도에 따른 각종 균의 사멸 관계를 표 5.3에 나타내었다. 호기성 발효로 65 ℃ 이상 온도에서 유해한 균들이 제거되고, 이후 후숙기간 중 40~50 ℃일 때 각종 유익한 미생물이 발생하게 되면 작물 생육에 긍정적인 영향을 주게 된다.

표 5.3 발효온도에 따른 각종 균의 사멸 관계

발효온도별(℃)	균의 사멸 관계
50	유해 선충
60	다수 식물의 병원균
70	다수의 박테리아
80	다수의 잡초 종자
90	내열성 잡초 종자
100	내열성 바이러스

➡

퇴비는 호기성 발효로 65 ℃ 이상 고온이 될 때 유해한 균들이 사멸하고 고온성 세균만 남게 된다.
따라서 후숙기간 중 퇴비의 온도가 40~50 ℃일 때 각종 유익한 미생물이 발생하여 정착하게 된다.

둘째는 탄질율을 조정하는 것인데, 탄질율이란 토양, 유기질 비료 등의 탄소와 질소의 함유비(C/N)를 의미한다. 보통 탄질율은 30~40 정도 수준이 적당한데 톱밥퇴비의 경우 탄질율이 400~1200 수준으로 다른 재료보다 높아질 수 있다. 이때 질소를 첨가해주면 탄질율을 낮출 수 있다.

[그림 5.9]에서와같이 친환경 농업을 위한 땅을 만들기 위해서는 서두에서도 언급하였듯이 토양의 물리성, 화학성, 미생물성을 개선하여 좋은 토양 환경을 조성하는 것이고, 그 밑바탕이 바로 퇴비이다. 궁극적으로 퇴비의 생명은 오염되지 않은 원료를 이용하여 발효과정에서 유익한 미생물을 잘 정착시켜 미생물의 활성화로 인해 땅심을 개선하고 살리는 것이다. 그래야만 우리가 영양분이 높은 쌀을 주식으로써 먹을 수 있을 것이다.

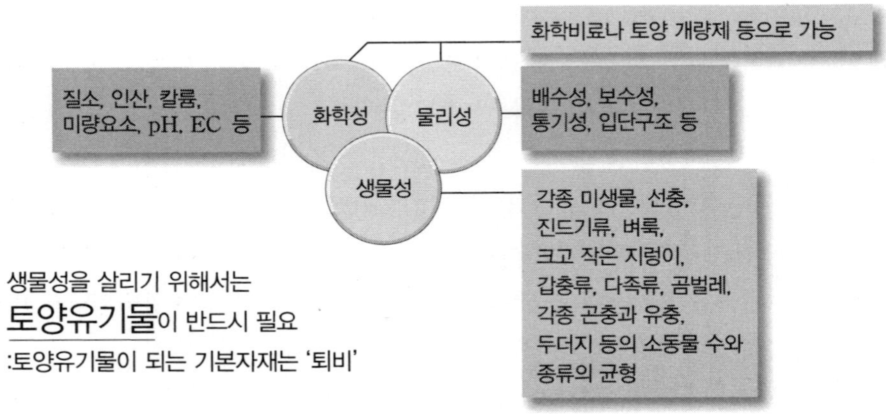

그림 5.9 좋은 토양 조성의 조건

5.2.4 친환경 비료

친환경 비료(Eco-friendly fertilizer)란 비료의 주 역할인 수확량 증가와 수확 품질향상뿐 아니라 토양 밖으로 식물(작물)의 영양분 방출을 조절함으로써 오랫동안 흡수할 수 있게 도와준다. 또한 영양 손실에 의한 환경 유해성을 감소시킬 수 있도록 만든 비료로 정의된다.

친환경 비료는 여러 가지 친환경 재료를 활용한 영양분의 코팅을 통해 만들어지며, 영양소의 효율성과 함께 기존의 화학비료로부터 발생하는 문제점(토양 산성화, 수질 오염)을 보완하기 위해 개발되었다. 넓은 의미로는 친환경 관점에서 유기비료(부산물 비료)를 포함하고 있으며, 친환경 농업에 있어 필수 요소이다. 그러나 친환경 비료가 늘 좋은 것만은 아니다. 친환경 비료 중 일부분은 제조과정 중 유해가스와 코팅 재료(영양분의 방출 조절을 위해 활용되는 것) 등이 환경에 안 좋은 영향을 미친다. 게다가 화학비료와 비교하여 고가이며, 영양분 방출 속도가 상대적으로 느려 적절한 시기를 놓칠 수 있는 단점이 있다. 이러한 내용을 잘 숙지해 친환경 비료를 사용해야 한다. 다음으로 친환경 비료로 사용되는 예시를 알아보자.

| 유산균

'유산균은 사람의 장뿐만 아니라 식물의 뿌리도 건강하게 한다'는 말이 있다. 최근 유산균을 활용하여 식물의 뿌리가 스스로 잘 성장할 수 있도록 도와주는 친환경 비료가 상용화되었다. 유산균이 만들어내는 유기산(젖산, 아세트산, 호박산, 포름산)이 토양의 곰팡이와 세균 등의 발생을 억제하고, 작물에 필요한 영양분을 충분히 공급한다고 한다. 이러한 유기산은 식물 호르몬을 생성하는데 반드시 필요한 요소이다. 유기산의 활동 과정은 토양에 흡수되어 뿌리를 괴롭히는 곰팡이나 세균류 그리고 해충 등을 제거하는 뛰어난 효과를 발휘한다고 한다.

| 식물성 폐기물

커피 찌꺼기로 만들어진 친환경 비료는 도시농업인들에게 큰 주목을 받고 있다. 이는 바이오 유기비료로써 미생물 공학기술을 활용하여 기존 비료의 악취문제를 해결하고 식물성 폐기물(커피 찌꺼기)을 자원화했기 때문에 친환경 비료라고 볼 수 있다.

그림 5.10 식물성 폐기물: 커피 찌꺼기 [출처: ©Anton Starikov/Shutterstock]

| 음식물쓰레기

최근 음식물쓰레기의 처리 곤란이 환경에 좋지 않은 영향을 주고 있다는 소리를 자주 들어봤을 것이다. 2019년, 농촌진흥청에서는 음식물쓰레기 건조분말을 유기비료의 원료로 사용하는 것을 허용한다고 보고하였다. 단, 음식물쓰레기가 전부 원료로 사용되는 것이 아니다. 음식물쓰레기를 건조분말로 만들 경우 혼합유기물 및 유기복합비료의 총 함량 중 30 % 이내로 구성해야 하며, 그중 수분과 염분은 각각 15 %와 2 % 이내로 정해야 한다.

그림 5.11 음식물쓰레기 [출처: ©vilax/Shutterstock]

| 키토산

키토산은 게, 가재, 새우 등과 같은 갑각류 해양 동물의 외골격 성분인 키틴(Chitin)을 활용하여 얻을 수 있다. 다음 [그림 5.12]와 같이 키틴의 화학구조 내에서 탈 아세틸화 반응(NHCO-CH_3 → NH_2)을 통해 얻는 다당류이다. 자연계에 풍부하며 무독성, 생분해성의 특성이 있으며 주로 코팅 소재로 활용되고 있다.

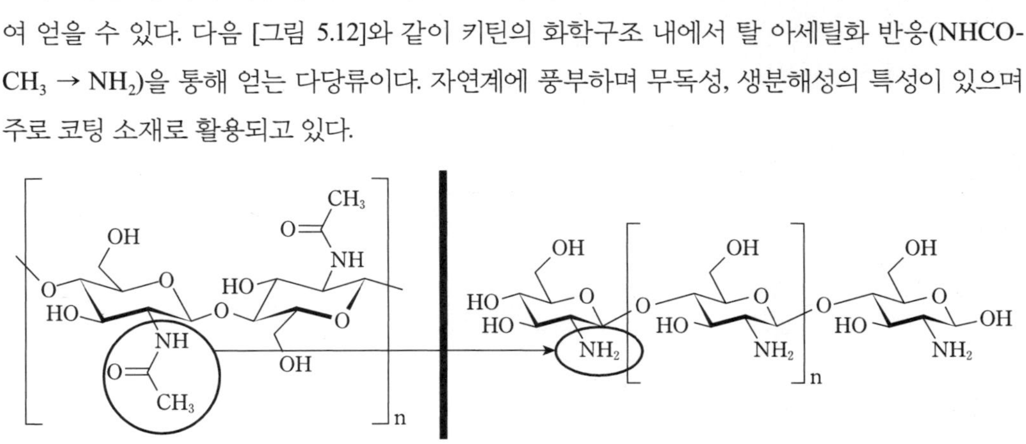

그림 5.12 키틴과 키토산의 화학구조

| 기타 친환경 비료의 종류

알긴산 나트륨	• 갈색 해조류에서 추출되는 다당류 소재 • 가벼운 겔(gel) 형태 • 기계적 물성이 약함
녹말 유도체	• 식물에 가장 풍부한 다당류 소재 • 생분해성, 경제적
섬유소 유도체	• 녹말과 함께 식물에서 가장 풍부한 다당류 소재 • 재생 가능성, 생분해성 • 필름 형성능이 뛰어남
리그닌	• 섬유소 다음으로 풍부한 식물 2차 세포벽의 성분 • 펄프 공정 및 바이오에탄올 생산의 부산물로 제조 • 제조 비용이 저렴 • 생체 적합성
바이오 숯 (biochar)	• 농업 잔류물이나 기타 바이오매스의 열분해로 얻은 탄소고분자 물질 • 농업 잔류물 재사용으로 인한 농업 수익성 향상 • 부영양화 위험 감소
폴리 도파민	• 자연적으로 발생하는 멜라닌의 주요 안료 • 우수한 접착력

5.3 농약

5.3.1 개요

농약은 농사를 지을 때 농작물에 해로운 벌레나 병균, 잡초 등을 없애거나 농작물이 잘 자라게 하는 약품으로 정의하고 있다. 농약의 종류로는 살균제, 살충제, 영양제, 생장 조절제, 제초제 등이 있다. 국내에서는 라벨과 뚜껑의 색으로 농약의 종류를 구별하기도 한다(표 5.4).

표 5.4 라벨 및 뚜껑의 색깔에 따른 농약의 종류

분홍	초록	파랑	흰색	노랑	빨강
살균제	살충제	생장 조절제	기타 영양제	선택성 제초제	비선택성 제초제

| 제초제

제초제를 토양에 살포하면 토양오염을 발생시킬까? 결과적으로 말하자면 오염을 시키지 않는

다. 제초제를 사용하면 일차적으로 토양에 묻은 제초제가 휘발되고, 이차적으로 남은 양은 흙에 흡착되며 일부는 빗물에 씻겨 내려간다. 최종적으로 남은 양은 미생물에 의해 분해가 되기 때문에 토양을 오염시키지 않는 것이다.

제초제는 크게 살포하는 곳에 따라 토양처리 제초제와 경엽 제초제로 구분할 수 있다. 먼저 토양처리 제초제는 잡초가 나기 이전에 토양에 뿌리는 제초제로, 콩이나 땅콩류 등 3 cm 이상 깊이에 씨앗을 심고 그 위에 살포하는 것이다. 다음으로 경엽 제초제는 식물의 잎에 살포하여 광합성 및 단백질 형성을 방해할 뿐만 아니라 호르몬 분비를 억제시켜 식물을 고사시키는 제초제이다. 따라서 제초제의 종류는 수십여 가지가 넘기 때문에 농작물에 따라 적절한 제초제를 선택하고 주의하여 사용하는 것이 중요하다.

| 살충제

농가의 병충해 피해는 '강원도 지역 토마토, 고추 농가 피해 급증(총채벌레)', '원예 탄저병으로 인한 수확량과 상품성 급락', '봄철 옥수수와 벼에 멸강나방 애벌레 발생 증가' 등과 같은 기사로 많이 보고된 바 있다. 이러한 병해충을 잡기 위해 한국생명공학연구원에서는 작물에 손상을 주지 않는 범위 내에서 선택적으로 해충만 골라잡는 친환경 농약 원천기술을 개발하였다. 병해충만이 가지고 있는 고유의 분자구조를 선택적으로 공격하게 되면 박멸 효과가 우수해진다. 이러한 살충제는 인체에 무해하며 환경적으로도 안전한 물질이므로 주의사항을 잘 숙지하면 안심하고 사용할 수 있다.

그림 5.13 총채벌레(좌)와 멸강나방 애벌레(우)에 의한 병해충 피해
[출처: ⓒLertwit Sasipreyajun, Protasov AN/Shutterstock]

또한 노균병을 억제하기 위한 액상수화제 타입의 경엽 제초제도 있다. 이 경엽 제초제는 노균병반이 주위로 확대되지 않는 치료 효과를 줌과 동시에 새로 나온 신엽(새잎)에 병반이 확대되지 않는 예방 효과의 역할을 한다. 여기서 노균병이란, 오이, 콩, 파, 포도 등에 곰팡이균이 기생하여 생기는 병으로 잎에 옮은 노란색이나 갈색의 반점이 생기다 잎이 말라 죽게 되는 병이다(그림 5.14).

그림 5.14 노균병에 걸린 오이 [출처: ⓒYevhenii Orlov/Shutterstock]

┃살충제 성분: 칡

콩과식물인 칡은 여러해살이 덩굴성 나무로 땅속에 전분을 저장하는 창고와도 같은 식물이다.

칡 꽃은 지역에 따라 차이가 나지만 보통 7~8월에 개화하여 9월에 종자가 맺히기 시작한다. 칡은 햇빛이 잘 드는 곳이면 어디든 무서울 곳이 없을 정도로 생장하는 식물로 잘 알려져 있다. 숲의 가장자리를 비롯해 산기슭, 도로변, 무덤 주변, 저수지 주변, 경작지 등 어느 곳에서든 그 세력을 유지하며 생장하는 문제를 유발하는 식물이기도 하다. 칡은 도로나 길 등 장소에 제약을 받지 않고 무성하게 자라기 때문에 미관상 좋지 않으며, 이러한 칡을 깨끗하고 쉽게 제거하기 위해서 칡 전문 제초제를 사용하기도 한다. 3년산 굵은 칡까지도 경엽 처리제로 방제할 수 있다고 한다(그림 5.15).

그림 5.15 칡을 효과적으로 제거하는 전문 제초제 [출처: ㈜경농]

국내 중소업체들의 경우 해충들을 박멸하기 위해 다양한 제품을 꾸준히 출시하고 있다. 이러한 제품들은 파리류, 나방류 외에도 기타 곤충들을 효과적으로 제거한다. 또한, 해충 밀도관리와 농작물 생육지원을 동시에 수행할 수 있다고 한다(표 5.5).

표 5.5 다양한 병해충들

파리류	작은뿌리파리, 버섯파리, 고자리파리, 굴파리, 혹파리 등
나방류	담배거세미나방, 파밤나방, 목화바둑명나방, 노랑쐐기나방, 멸강나방 등
기타	땅강아지, 나무좀, 바구미, 진딧물, 응애, 총채벌레, 알락하늘소 등

[출처: 병해충정보(NCPMS, 농촌진흥청)]

최근 기후변화 및 외국과의 교역 증가에 따른 외래 잡초의 국내 유입 및 확산이 급증하고 있다. 가시박 및 돼지풀 등의 외래 잡초는 한 번 유입되면 종자 생산 및 번식력이 강하여 일반 제초제로도 방제가 잘되지 않아 농업 생태시스템 교란의 주요 원인이 된다. 이러한 외래 잡초는 노지 및 기타 공터 등 장소를 가리지 않고 성장하여 농림지로 침투하기 때문에 작물 재배에 악영향을 주고 있다. 전문 외래 잡초 제초제를 사용하여 외래 잡초를 확실히 제거할 뿐 아니라 후발아(2차로 생장)하는 잡초 발생까지도 억제할 수 있다고 한다.

| 살충제 성분: 자리공

일반 농가에서도 독성이 있는 풀(독초)로 알려진 자리공을 활용하여 천연살충제를 만들기도 한다. 여름철 장마가 끝나면 벌레들이 작물에 잔뜩 붙어 작물의 생장을 방해하여 고사시키기 때문에 천연살충제를 이용하여 해충을 박멸하기도 한다. 이러한 천연살충제를 만드는 방법은 다음과 같다. 첫째로 솥에 자리공과 물을 함께 넣고 2시간 정도 삶아준다. 둘째, 우러난 자리공 물을 일반 물과 섞어서 50배 정도 희석한다.

예를 들어, 자리공이 100 ml이면, 물은 5,000 ml 정도의 비율로 같이 섞어준다). 이렇게 만들어진 천연살충제를 해충들에게 분무하면 쉽게 해충을 박멸할 수 있다.

그림 5.16 천연살충제 성분이 있는 자리공 [출처: ©valemaxxx/Shutterstock]

5.3.2 농업용 드론

농업용 드론(작물 방제 드론)은 위에서 언급한 친환경 비료를 비롯해 살균제, 살충제 등 농약·약제 살포에 대한 지식이 있으면서 드론 조종이 능숙한 전문 인력 2명이 투입되면 1만여 평의 논의 방제 작업을 기존 1시간에서 20분으로 단축할 수 있어 경제성과 효율성이 상당히 높다고 한다. 또한 보관·운반이 용이하고 연료비도 절감할 수 있는 이점과 저공비행이 가능하다는 장점도 있다. 드론은 공중 방제를 하기 때문에 지형적인 제한을 받지 않고 크기가 작고 가벼우므로 좁은 공간에서도 활용할 수도 있다.

통상적으로 방제 작업을 할 때, 총 무게는 24 kg 정도 된다(그림 5.17). 정부에서 농가에 공급하는 벼, 보리, 콩 등 농작물 보급종의 경우 지금까지는 사람이 직접 논밭에 들어가서 잡초, 병해충 발생 정도를 육안으로 확인하였지만, 앞으로는 식량 종자 품질을 검사하는 드론이 투입될 예정이다.

그림 5.17 농업용 드론 [출처: ©Suwin/Shutterstock]

나아가 드론에 대해 좀 더 자세히 알아보자. 먼저 드론은 용도에 따라 다음 표 5.6과 같이 분류할 수 있다.

표 5.6 드론의 용도

용도	특징
방제용, 방역용	• COVID-19 등 방역에 큰 역할 • 시간 단축 및 사각지대에 효율적 방역
배달, 배송용	• 택배 물류량, 우편, 음식 배달 등의 수요 증가 예상
탐사용	• NASA에서는 화성에 드론을 보내기 위해 연구중
측량용·조사용	• 지적, 건설 현장 및 측량(3D도면 전환 가능) • 안전시설물 점검 가능
촬영용	• 방송국, 동영상 제작 전문 업체 활용

드론은 4차 산업혁명 관련 미래 유망 기술이다. 정부는 2026년까지 세계 5위권에 진입시도를 위해 산업용 드론 6만여 대를 상용화할 계획이다. 이는 드론의 글로벌 경쟁력을 갖추기 위한 것으로 볼 수 있다. 그 기반은 기초기반 응용기술의 확립과 함께 법률적 개정 및 정책적 지원이 뒷받침되어야 할 것이다. 오늘날 드론은 상기 언급한 농업용 드론 외에도, 방송촬영용·인명구조용·조사용·안전점검용·운송용 등 다양한 분야에 광범위하게 활용되고 있다. 그 밖에 드론 경주대회, 드론 스포츠 대회 및 드론버타이징(dronevertising drone(드론)+advertising(광고)) 등 폭넓은 분야로의 우리 생활 주변 가까이에서 많은 도움을 제공하고 있다. 아래 [그림 5.18]은 2018 평창 동계올림픽에서 펼쳐진 드론쇼이다.

한편, 드론은 '플라잉 택시', '배송수단 드론: 음식, 우편 및 택배 배달 등' 하늘길을 고속도로 달리듯 장악하고 있다. 마치 SF 영화의 한 장면처럼 벌떼 드론이 도시를 공습하듯, 우리나라의 육군에서도 '드론 부대'를 창설하여 운용하고 있다고 한다. 화학무기 감지 드론, 인명수색 구조 드론, 싱크홀 안전점검 드론, 대기배출 사업장 단속 드론, 물류배송 드론, 항만감시 드론, 재고확인(RFID tag) 드론, 풍력발전 검사 드론 등 정부에서는 사회적 기반 시설을 비롯해 국민의 안전과 환경을 개선하기 위한 노력에 드론을 활용하여 효율적으로 관리·감독을 하고 있다. 하지만 향후 아파트 고층건물 배송방식이나 탑재 중량의 제한 그리고 천재지변 등의 기후 환경에서 어떤 식으로 연구 개발할지와 법적·제도적인 뒷받침이 다각도로 검토해야 할 것이다.

드론은 주로 외부에서 활용되기 때문에 자외선 차단능력이 뛰어나야 하며 기후에 영향을 받지 않는 내후성·내구성이 요구되고 있다. 기능적인 측면으로 무선인터넷 접근성, 배터리 수명과 더불어 체공시간(비행효율)을 향상시키는 것이 중요한 요소가 될 것이다. 또한 드론의 날개, 프로펠러, 배터리 등 경량화가 요구되며, 진동이나 소음을 최소화시켜야 한다. 경량화의 핵심 소재인 고성능 플라스틱은 드론 프로펠러 외에도 본체와 랜딩기어(landing gear)에도 적용할 수 있다. 드론의 경량화는 체공시간을 연장하고 진동과 소음 감소에도 기여한다.

그림 5.18 300대의 드론으로 만든 평창 동계올림픽 마스코트 수호랑
[출처: 개막식의 화제 '인면조', '드론', 올림픽플라자서도 인기, 코리아넷뉴스(문화체육관광부)]

최근 국토교통부는 드론을 활용하여 도심지역의 음식 배달 실증 시연을 마쳤다고 한다. 이후 생활에 적용할 수 있는 서비스 구현 방안을 모색한다고 뉴스로 보도한 바 있다. 2020년, 신종 감염성 바이러스 COVID-19로 인해 비대면 생활이 이루어지면서 포스트 코로나 시대를 준비하기 위한 것이다. 5대의 드론 시연 중 3대는 2.5 km 거리, 2대는 1.5 km 거리를 각각 비행하였는데, 주변에 고층빌딩이 있었음에도 무사히 통과하여 음식을 비롯한 마스크, 손 세정제 등을 평균 10분 이내로 배달하는 과정을 시연하였다.

한편, 생활 속에서도 드론을 만들 수 있다. 다량의 섬유 형태인 탄소실을 만든 후 이것을 옷감처럼 짜게 되면 탄소 직물(원단)이 얻어지는데, 이것이 바로 드론에 사용되는 탄소 소재이다. 이어서 에폭시 접착제를 이용해 원하는 두께가 될 때까지 차곡차곡 쌓아 올리면서 형태를 만든다. 일정 시간 경화(curing) 과정을 거친 후에 제조된 탄소판을 드론 모양에 적합하게 자르면 최종적으로 드론의 형태를 갖출 수 있다.

생활 속 화학을 만나다

CHAPTER

06

의식주 3탄: 안전하고 쾌적함을 주는 주거환경

내 집, 내 직장, 내가 가는 곳 어디든 그곳의 주거환경이 안전하고 쾌적한지를 알 수 있을까? 여기에서 주거환경이란 '주거'와 '환경'이 하나로 합쳐진 용어이다. 즉, 주거환경은 건물 외부의 주변 환경과 건물 내부의 공간적 환경을 모두 일컫는 말이다.

주거환경에서는 휴양, 수면, 식사, 가사, 육아 등이 안전하고 쾌적하게 그리고 능률적으로 이루어져야 한다. 다시 말해 건강을 위한 모든 서비스, 시설, 설비를 포함해야 한다. 세계보건기구(WHO)에 따르면 주거환경의 개념을 아래와 같이 분류할 수 있다. 이 중 건강한 생활을 영위하게 하는 주변의 지역적·사회적 조건에서 각종 재해에 대한 안전성을 겸비하고 실내공기 질을 쾌적하게 하여 맑은 공기를 마실 수 있는 주거환경에 대해 알아보고자 한다.

■ 건강한 주거환경의 기초 조건

주거의 적절한 규모, 프라이버시의 확보, 충분한 침실, 적절한 급배수(給排水), 폐기물의 위생적 처리, 세탁과 욕실시설, 조리와 식사시설, 식품 등의 저장시설, 실내 온도조절, 방습 방음, 환기와 맑은 실내공기의 유지, 적절한 채광과 조명 등

■ 건강한 생활을 영위하게 하는 주변의 지역적·사회적 조건

상수도·하수도, 폐기물처리, 맑은 공기, 경찰과 소방, 교통과 여러 가지 사회적 시설, 각종 재해로부터의 안전 등

최근 5년 동안 우리나라에서는 크고 작은 지진이 자주 발생하였다. 특히, 2016년 9월 경북 경주시 남남서쪽 8 km에서 발생한 규모 9.5의 지진과 2017년 11월 경북 포항시 흥해읍 지역에서 발생한 규모 5.4의 큰 지진을 기억할 것이다. 이 지진으로 인해 수능시험도 일주일 연기되고, 많은 인명피해와 재산피해가 발생하였다.

이제는 지진이 일본 열도에서만 발생하는 것이 아니라 우리나라에서도 발생하는 것이 현실이 되었고, 더는 간과할 수 없기 때문에 우리도 지진을 대비해야만 한다. 지진에 대해 정의하자면, 오랫동안 누적된 변형 에너지가 갑자기 방출되면서 지각이 흔들리는 것을 말한다. 다음 [그림 6.1]의 연도별 지진 빈도수를 보면 2015년부터 경북 경주(2016년)와 포항(2017년)을 비롯한 지진의 횟수가 급격히 증가하고 있는 것을 알 수 있다.

따라서 지진으로 발생되는 피해를 최소화하기 위해서는 지금까지 지어진 건축물에 대해 내진 보강 설계가 필요하고, 앞으로 지어질 건축물에 대해 내진 설계가 적용되어야 할 것이다. 여기서 내진 설계란 지진에 견딜 수 있도록 구조물을 설계하는 방식으로 구조물을 더 튼튼하게 지어 내구성을 높이는 것을 의미한다. 즉, 지진 발생으로 인한 건물의 붕괴를 예방하여 인명 손상을 막기 위한 것을 말한다.

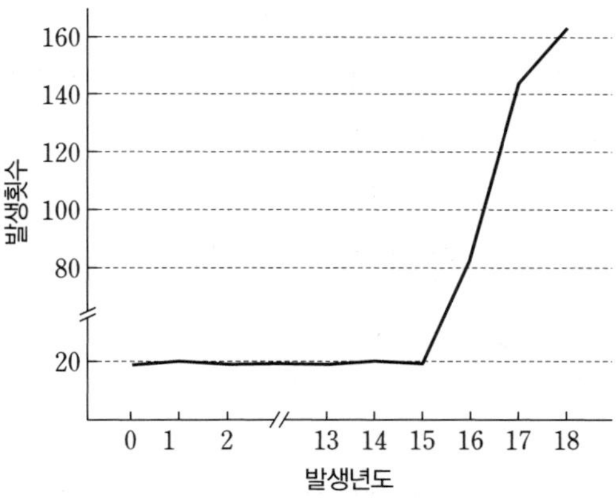

그림 6.1 국내 연도별 지진 발생횟수

국내 건축물에 대한 내진 설계 규정은 1988년에 처음 시행되었으며, 현재는 2015년에 개정된 규정이 시행 중이다.

일반적으로 내진 설계 구조의 종류는 내진 구조, 제진 구조, 면진 구조 세 가지로 분류된다. 지진이 발생하면 관성에 의해 건물이 진동하게 되는데, 건물의 진동이 전달됨에 따라 각각의 내진 설계 구조들이 어떤 특성이 보이는지 살펴보자.

먼저 **내진 구조**는 구조물의 내력으로만 진동을 감당해야 하며, 부자재의 단면이 증대되는 비경제적 설계라고 볼 수 있다. 보통의 건물보다 흔들림이 적다.

다음으로 **제진 구조**는 제진장치를 이용하여 지진에너지를 분산하며 중규모 이상 지진의 손상을 제어할 수 있다. 하지만 비구조재를 보호하는 것에는 한계가 있으며, 흔들림을 약 30~50 % 정도 감소시켜줄 수 있다.

마지막으로 **면진 구조**는 전단변형장치로 지반과 건물을 분리하여 대지진을 막아줄 수 있다. 또한 대규모 지진을 막아주기 때문에 안전성 향상 및 설계 자유도가 큰 편으로 흔들림이 대폭 감소하게 된다. 즉, 적층 고무 베어링이나 고부 블록과 같은 면진장치를 지면과 건물 사이에 배

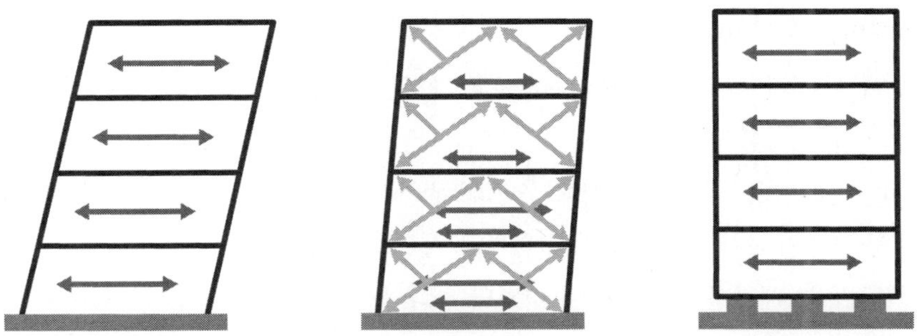

그림 6.2 내진 설계 구조의 종류

치하여 진동을 완화하는 것이다.

세 가지 내진 설계를 비교할 경우 [그림 6.2]와 같이 지진 발생에 따른 기울기가 상대적인 건물 손상도라고 할 수 있다. 비용 대비 효율성은 내진 구조, 제진 구조, 면진 구조 순으로 면진 구조가 비용이 가장 많이 들지만, 그만큼 안전성이 뛰어난 것을 알 수 있다. 국토교통부의 보고에 따르면 우리나라의 경우 고속도로 교량 360개, 국도 교량 961개의 구조물에 대해 내진 설계가 되어있지 않았다고 한다.

6.1 안전함을 주는 주거환경용 소재

탄소섬유를 이용한 부직포 및 복합재료의 응용분야는 항공·우주, 자동차, 에너지, 토목·건축 분야, 전자기기 및 의학 산업 등 폭넓게 사용되고 있다. 그중 토목·건축 분야로 사용되는 탄소섬유강화플라스틱(Carbon Fiber Reinforced Plastic, CFRP)은 건축재료 보강재와 교량의 구조재 및 토목용 기초재료로 사용되고 있다. 여기에서 탄소섬유강화플라스틱은 복합재료(Composite)의 종류 중 하나로 보강재인 탄소섬유(CF)를 기재(matrix)인 열가소성수지(Thermoplastic(TP) resin)나 열경화성수지(Thermosetting(TS) resin)와 혼합하여 제조한 것을 말하며 자세한 내용은 7장에서 다룰 것이다.

해안 및 하천 공사에는 돌을 잘게 깨뜨려 부순 쇄석이나 콘크리트, 블록 제품 등 여러 가지 건설자재들이 적용되고 있다. 하지만 최근 들어 통상적으로 폭넓게 사용되는 건설자재의 수급 난항과 이로 인한 공사비용 및 유지관리비의 상승, 시공 기간의 장기화, 환경 문제 등이 발생하면서 그 대안에 대한 기술의 연구가 활발히 진행되고 있다.

특히 선진국 및 개발도상국에서는 기후의 변화에 대비하여 친환경 시공 및 해안 침식보호 공법 등 환경보호를 위한 방향으로 건설자재의 수급이 추진되고 있다. 이러한 시류에 맞춰 토목합성재료(Geosynthetics)는 공사 개발 및 복원 현장에서 유용하게 적용되고 있으며 그 응용분야가 점차 확대되는 추세이다.

토목합성재료는 '지질역학(Geomechanics)'과 '합성화학(Synthetics)'의 합성어로 흙, 모래, 자갈 등 토목 공사에 사용되는 시공기술과 밀접한 관련이 있는 제품들을 의미한다. 또한 직포 및 부직포(web) 형태, 매트, 플라스틱 멤브레인(membrane, 분리막), 압출판 및 3차원 압출성형 구조물, 네트 등 고분자 제품들도 포함하고 있다.

초기 토목 섬유는 대부분 토사의 세굴 방지와 여과의 목적으로 사용되었으며, 이후에는 지반의 분리, 보강, 배수 기능으로도 활용되어 왔다. 또한 천연재료를 토목 공사의 보강재 및 필터재 등으로 이용하였으나 강도, 내구성, 품질관리 등의 문제로 토목용 재료로서의 사용이 제한되었다.

하지만 최근에는 방수, 균열방지, 지반구조물 보호, 충격흡수 등의 목적으로 다양하게 사용되고 있다. 게다가 우수한 시공성과 경제성 등을 갖추고 있어서 각종 토목구조물에 배수, 여과, 보강, 분리, 침식 방지재, 유체·가스 봉쇄 등으로 광범위하게 활용되고 있다.

한편, 토목 섬유의 요구특성은 첫째로 가격이 저렴해야 한다는 것이다. 사용하는 단위가 수 킬로그램(kg)에서 수백 킬로그램(kg) 수준이 아니라 수 톤(ton)에서 수만 톤(ton)이 사용되기 때문에 재료의 단가를 고려하지 않을 수 없다. 둘째로 용도에 적절한 특성을 갖고 있어야 한다. 공통적으로는 투습성이 있어야 하며, 유연한 구조물에는 연성을 띠는 재료를, 강인한 구조물에는 강성을 띠는 재료를 잘 선정해야 한다. 마지막으로 사용 환경조건에서 오랫동안 흙 속에 매설되어 그 본래의 특성이 변하지 않는 안정한 상태를 유지할 수 있어야 한다. 즉, 내구성이 강하고 미생물에 의한 물성 변화가 없어야 하며, 지반 강화용 약품 등에 견딜 수 있는 내광성이 있어야 한다. 여기서 연약지반 처리 공법에 사용되는 토목합성재료는 흙 속에 매립하여 사용하지만 현장에서 장시간 일광에 노출되기 때문에 자외선 안정제 및 산화방지제가 첨가되어야 한다. 따라서 섬유고분자의 역학적 성질과 구조인자들을 고려하여 토목합성재료의 최종적인 설계가 결정된다. 대표적인 합성재료로는 내구성과 내마모성이 우수한 폴리아마이드(polyamide, PA)와 가볍고 비흡수성인 폴리프로필렌(polypropylene, PP)이 적용되고 있다. 또한 많은 양이 사용되기 때문에 운반성과 시공이 편리해야 한다.

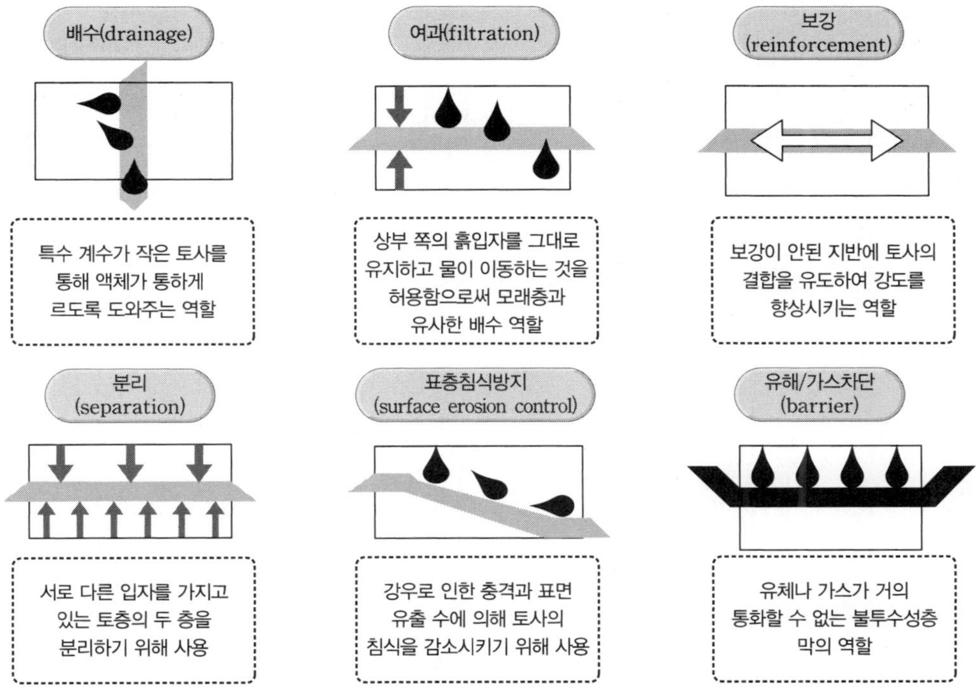

그림 6.3 토목합성재료의 특성과 목적

토목합성재료는 대부분 토사의 세굴방지 및 여과, 지반 분리, 보강이나 배수, 방수, 균열방지, 지반구조물 보호, 충격흡수, 폐기물 매립지, 연약지반보강, 터널, 간지, 도로건설, 옹벽 및 사면보호 등의 목적으로 사용되고 있다.

지오텍스타일 튜브(Geotextile Tube)는 폴리에스터(Polyester, PET), 폴리프로필렌(Polypropylene, PP) 등의 고분자 합성섬유를 재질로 된 원사로 직조한 투수성을 가지는 토목 섬유(직포, 부직포, 복합포)로 봉제한 거대한 자루 형태의 튜브이다. 모래나 준설토 등을 채움재로 사용하여 부두, 방조제, 방파제, 제방, 가축도, 해안침식방지, 수중제방 등을 축조하는 연성 토목구조물이다.

98년에 '지오마린(GeoMarine)'이 국내에 처음 소개되어 강릉과 울진 해안 백사장에 침식방지와 이안제의 목적으로 수중에 설치된 기록이 있으며, 일산대교, 인천대교의 건설공사현장에 하상토를 채움재로 사용하여 가도축조공법으로 응용 및 적용된 기록도 있다. 여기서 가도축조공법은 토목에서 기본적으로 시공하는 방법으로, 임시방편으로 토사를 이용하여 둑(임시구조물)을 쌓는 것을 의미한다. 또한 2006년에는 국산 토목 섬유의 개발과 특허 출원으로 광양의 수어댐 가물막이공사, 부산 신항의 가호안(부두 등에 호안 역할을 하는 임시구조물) 설치 공사를 하였다. 설치 및 철거가 양호하고 시공성이 우수하여, 사면을 형성할 때의 안정성이 매우 좋아 경제적인 공법으로 인정받고 있다.

6.1.1 토목합성재료의 종류

토목합성재료의 종류는 지오텍스타일(Geotextiles), 지오그리드(Geogrids), 지오네트(Geonets), 지오셀(Geocells), 지오멤브레인(Geomembranes), 토목 섬유 점토차수재(Geosynthetic Clay Liners, GCL), 지오매트(Geomats), 지오파이프(Geopipes) 및 지오컴포지트(Geocomposites) 등이 있다(그림 6.4). 여기서 투수성(transmissibility)이란 물이 토양 속을 얼마나 쉽게 통과할 수 있는지를 나타내는 척도이다. 이제 다양한 토목합성재료가 어떤 원료를 활용하여 어떠한 특성이 발현되고, 어느 분야로 적용할 수 있는지 알아보자.

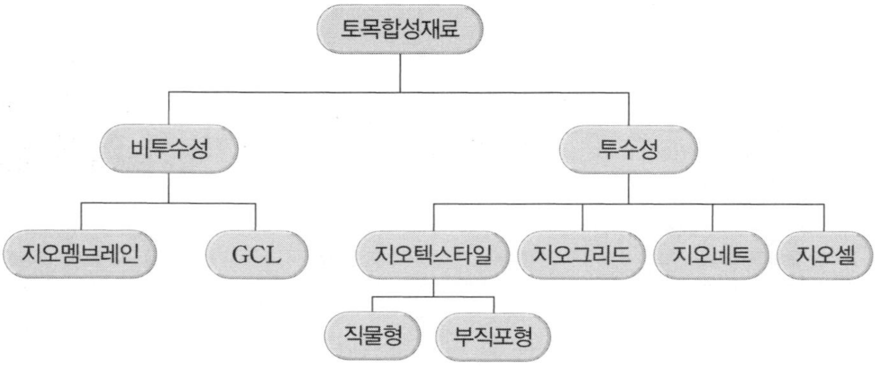

그림 6.4 토목합성재료의 종류와 특성

| 지오텍스타일

먼저 토목합성재료 중 지오텍스타일에 대해 알아보자. 지오텍스타일은 가장 광범위하게 사용되는 투수성 토목합성재료이다. 특성으로는 유연성과 투수성을 가지며, 원료로 폴리프로필렌(PP)을 주로 사용하고 폴리에스터(PET)와 폴리에틸렌(PE)도 사용한다. 주로 분리, 여과, 배수, 보강, 침식 등의 용도로 사용된다.

지오텍스타일은 직물형과 부직포형으로 나뉘는데, 우선 직물평 지오텍스타일은 합성섬유를 직각 형태로 교차해 만든 섬유이다. 직물 조직의 형태(평직, 능직, 수자직)에 따라 배수성과 물리적 강도 등이 결정된다(표 6.1). 즉, 현장에서 요구되는 분야의 적합한 물성에 따라 직물 조직을 달리하여 사용하는 토목합성재료이다. 부직포형 지오텍스타일보다 강도가 높아 연약한 지반이나 경사면의 보강용으로 사용된다. 주로 방조제 저면, 연약지반의 도로 및 제방 축조, 해안 매립 등에 사용된다.

표 6.1 직물 조직의 종류에 따른 형태와 특징

	평직	능직	수자직
모양	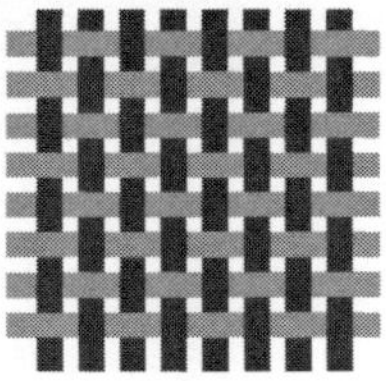	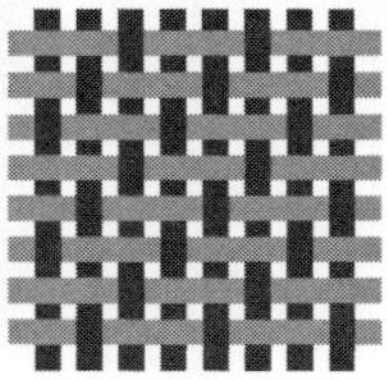	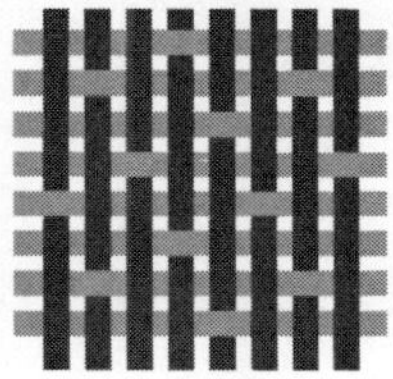
강도	높음	보통	낮음
투수성	낮음	보통	높음

부직포형 지오텍스타일은 합성섬유를 랜덤하게 배열하여 결합시킨 형태로 역학적 특성이 매우 우수하여 배수 및 분리를 위한 용도로 사용된다. 주로 댐 구조물, 옹벽 구조물, 해안 매립지의 염해 방지막 등에 사용된다.

그림 6.5 직물형 지오텍스타일(우)과 부직포형 지오텍스타일(좌)
[출처: ⓒVadim Gouida, maskalin/Shutterstock]

| 지오그리드

지오그리드는 길이 방향(경사)과 폭 방향(위사)을 격자형으로 교차하여 만들기 때문에 토사와의 마찰력이 우수할 뿐 아니라 인장강도와 내구성이 우수한 제품으로 알려져 있다.

지오그리드의 원료는 폴리프로필렌(PP), 폴리비닐클로라이드(PVC) 코팅 등을 이용하며, 원료의 제조공법에 따라 내화학성과 내마모성이 우수한 강성 지오그리드와 높은 전단 강도 및 고강도를 갖는 연성 지오그리드로 분류된다. 지반의 지지력을 강화시키고 부동 침하를 방지하며 장기간의 하중에도 변형률과 강도저하가 매우 적은 특징이 있어서 도로의 기초 지반과 포장층의 보강, 제방과 사면의 보강 등에 주로 사용된다.

그림 6.6 도로의 보강 작업에 사용되는 지오그리드 [출처: ⓒID1974, wolfness72/Shutterstock]

| 지오네트

지오네트는 합성섬유를 일정한 예각으로 교차하여 만든 토목합성재료로 부식에 강하고 높은 인장강도를 가지고 있어서 지반을 보강하기 위한 망태용으로 사용하거나 저수지, 강, 댐, 쓰레기 매립지 등의 보호장치로 사용된다.

그림 6.7 지반을 보강하기 위한 지오네트 [출처: ⓒGl0ck/Shutterstock]

| 지오셀

지오셀은 일정한 폭을 가진 여러 장의 띠 형태의 시트를 일정한 간격으로 융착시켜 만든 벌집 구조를 가진 3차원 형태의 토목용 보강재이다. 지오셀의 속에 채움재를 넣음으로써 복합

구조체의 강성과 지지력을 극대화시킬 수 있으며, 연약한 지반이나 급경사면 등의 안정에 사용된다.

그림 6.8 급경사면의 안정화에 사용되는 지오셀 [출처: ©alecsps, Natic/Shutterstock]

이어서 비투수성에 속하는 토목합성재료인 지오멤브레인과 GCL(Geosynthetic Clay Liners)에 대해 살펴보자.

| 지오멤브레인

물이 통과되지 않는 비투수성 성질을 가진 지오멤브레인은 주로 독성 폐기물이나 산업 가정용 쓰레기 매립, 댐이나 터널의 방수 등 액체나 고형물의 폐기물을 봉쇄하거나 차단하는 용도로 사용하며 보통 지오네트와 다른 지오텍스타일 등과 함께 사용된다.

그림 6.9 매립지에 사용되는 지오멤브레인 [출처: ©Aleksandr Ivasenko/Shutterstock]

| GCL

GCL 또는 지오신세틱 클레이 라이너(Geosynthetic Clay Liners)라고 불리는 이 토목합성재료는 비투수성의 특성을 가지며, 지오멤브레인과 사용 용도가 비슷하다. 지오멤브레인이나 지오텍스타일에 벤토나이트 점토를 결합하여 만들었으며, 환경 친화적이며 방수 성능이 매우 우수하다.

6.1.2 토목합성재료의 적용 및 사례

도로 분야에서는 지오텍스타일과 지오그리드를 사용하여 하부 연약지반과 성토지반을 분리하고 연약층을 보강함으로써 차량 바퀴에 의한 하중을 분산시켜 차량의 통행을 자유롭게 해준다. 즉, 보조 기층의 두께를 줄일 수 있어서 공기 단축과 비용절감을 통해 연약한 하부층에 적용할 수 있다. 또한 성토사면이나 절취사면의 침식방지에 사용될 수 있으며, 도로의 기층 및 보조기층의 보강을 위해 사용된다. 이는 기층의 기능 향상 포장 면의 소성변형에 대한 저항력을 증대시켜 준다. 도로용 제방 축조에도 보강토 옹벽, 보강성토사면 등에 적용되고 있으며, 포장도로의 경우 도로 파손을 최소화 및 내구성을 증진시키기 위해 포장층의 내부, 포장층과 기층 사이에 보강재를 설치하여 포장층을 보강할 수도 있다.

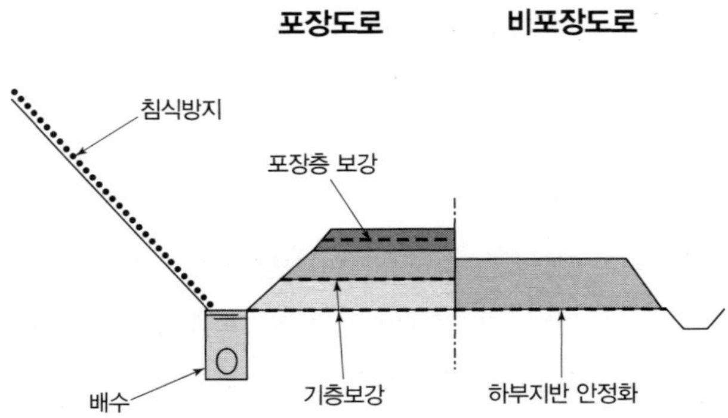

그림 6.10 도로 분야에 적용되는 토목합성재료

댐이나 **저수지**의 신규 건설 및 보수작업에도 거의 모든 종류의 토목합성재료가 적용된다. 예를 들어 차수막(지오멤브레인), 필터재(지오텍스타일), 배수재(지오컴포지트), 보강재(지오그리드, 지오텍스타일), 사면보호(지오텍스타일), 침식방지(지오네트, 지오셀) 및 완충재(지오텍스타일) 등의 기능으로 적용할 수 있다.

해안 및 **하안**의 경우 세굴 방지를 위해 설치되는 사석 붙임과 하부 제방 사이에 부직포형 지오텍스타일 및 지오컴포지트 등을 설치하여 토사의 침식을 방지할 수 있다. 부지의 추가 확보가 곤란한 곳에서는 홍수예방용으로 제방을 높여야 하는데, 이때 지오튜브를 활용하여 성토사면을 원하는 높이만큼 제방을 쌓을 수 있다. 수로나 저수지의 바닥에 설치된 지오그리드, 부직포형 지오텍스타일, 지오멤브레인 등의 복합층은 차수막 역할을 해준다. 제방의 선단부에 필터용 토목 섬유로 감싼 배수층을 두어 침식을 방지할 수 있으며, 지오텍스타일로 제작된 주머니 속에 흙, 모래 등을 채워 넣은 지오백은 하천 제방의 표면보호공, 해면의 침식방지, 홍수예방을 위한 임시차수막, 방파제 등의 축조에 사용된다.

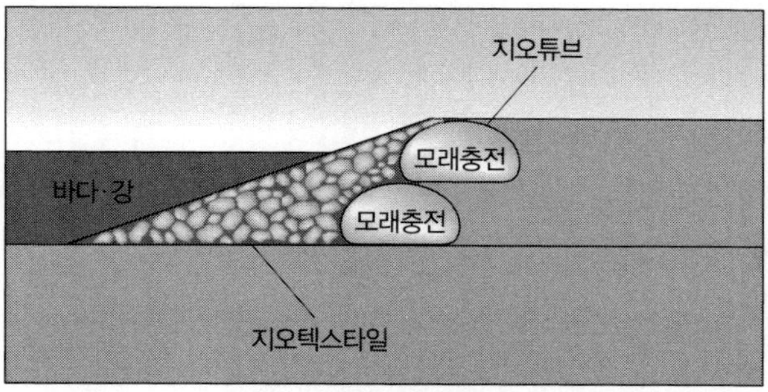

그림 6.11 해안 및 하안 분야에 적용되는 토목합성재료

폐기물 매립지의 구성은 바닥층, 폐기물 매립층, 최종 복토층 등으로 이루어져 있다. 폐기물 매립지 침출수의 유출을 차단하기 위해 바닥층이 중요한데, 여과, 분리, 보호, 차단막 및 보강 등 다양한 기능을 가진 토목합성재료 중 지오컴포지트가 차수재로 적용되고 있다. 여기에서 폐기물 매립공간을 최대화하고 매립지 건설비용을 절감하는 방법은 바닥층 및 최종 복토층의 두께를 감소시키는 것이 핵심 기술이라 할 수 있다.

6.1.3 건축용 섬유제품의 종류

토목합성재료에 이어 건축용 섬유제품에 대해 알아보자. 건축용 섬유제품은 크게 막 구조물, 흡음·단열재, 다리건설 및 콘크리트 보강재로 분류할 수 있다(그림 6.12).

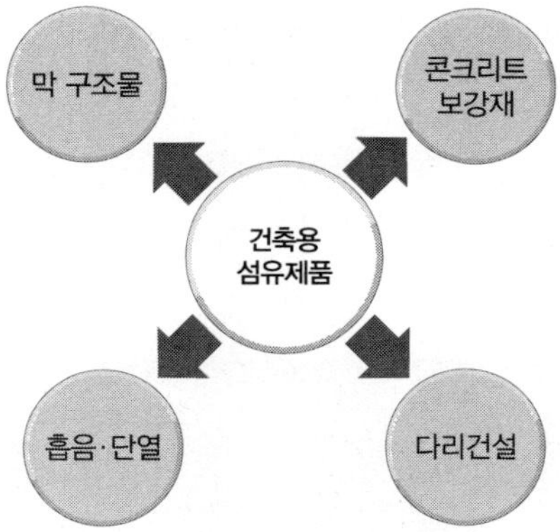

그림 6.12 건축용 섬유제품

먼저 콘크리트 보강재는 콘크리트 강화용 섬유(Fiber Reinforced Concrete, FRC)를 콘크리트에 혼입하여 인성, 균열억제, 내충격성 및 내마모성을 향상시킨다. 이러한 콘크리트 보강재는 강도, 내구성, 기밀성이 우수하고 시공성이 용이하며 품질이 균일하다는 장점이 있다. 콘크리트 보강재가 필요한 이유는 기존 콘크리트의 변형이나 강도 등을 개선할 수 있고, 다양한 형태로

의 제품 생산이 용이하며 재료의 균열을 제어할 수 있기 때문이다. 종류로는 CFRC(Carbon Fiber Reinforced Concrete), GFRC(Glass Fiber Reinforced Concrete), SFRC(Steel Fiber Reinforced Concrete), 폴리프로필렌(PP), 폴리에틸렌(PE) 등이 있다. 즉, 콘크리트를 강화하는 데 있어 유리섬유, 스틸섬유, 탄소섬유, 올레핀계 섬유를 적용한 것으로 각 섬유의 명칭을 앞에 배치하여 복합재료를 명명한 것이다.

일반적으로 콘크리트 보강용 섬유는 기존 프리캐스트 콘크리트(Precast Concrete) 중량의 1/3 수준으로 가벼우며 고강도, 내굴곡성 및 내균열성의 성능을 크게 향상시켜 준다.

이제 콘크리트 보강재 중 GFRC, SFRC, CFRC의 제조 방법, 특성, 용도에 대해 알아보자.

| CFRC

탄소섬유 보강 콘크리트라고도 불리는 CFRC(Carbon Fiber Reinforced Concrete)는 아크릴 섬유를 소성하여 만든 PAN계 및 Pitch계 섬유를 특수 mixer로 혼합한 콘크리트이다.

장기간 강도 변화가 없고 구조재로서의 신뢰성이 높다. 가격이 비교적 저렴하고 인장강도, 휨강도, 내알칼리성, 내수성, 내열성, 내마모성 등이 우수하여 적용 분야가 넓고 대량생산이 가능하다. 각종 건축 부재로 사용되며, 초고층 건축물의 고성능 옹벽, 바닥공법, 외벽재 등에 사용된다. 또한 해양구조물 및 도로포장용으로도 사용되기도 한다.

| GFRC

유리섬유 보강 콘크리트라고 불리는 GFRC(Glass Fiber Reinforced Concrete)는 고온의 용융유리에서 만든 두께 0.5~20 μm, 길이 24~40 mm 정도의 무기섬유를 혼합하여 만든 콘크리트이다.

내충격성, 내화성, 인장강도 등이 우수하며 콘크리트 디자인의 자유성도 높다는 특징이 있다. 주로 건축 내외장재 및 창틀에 사용되며 방음벽, 외벽패널, 차단벽패널 및 복합판 등에도 사용된다.

그림 6.13 GFRC에 사용되는 유리섬유 [출처: ©TASER/Shutterstock]

| SFRC

스틸섬유 보강 콘크리트라고 불리는 SFRC(Steel Fiber Reinforced Concrete)는 모르타르나 콘크리트에 두께 0.1~0.5 mm, 길이 10~50 mm 정도의 강화 섬유를 분산시킨 것으로 콘크리트의 인장강도, 휨강도, 전단강도, 내열성, 내구성 등이 향상하며, 균열 및 충격에 대한 저항성이 생긴다.

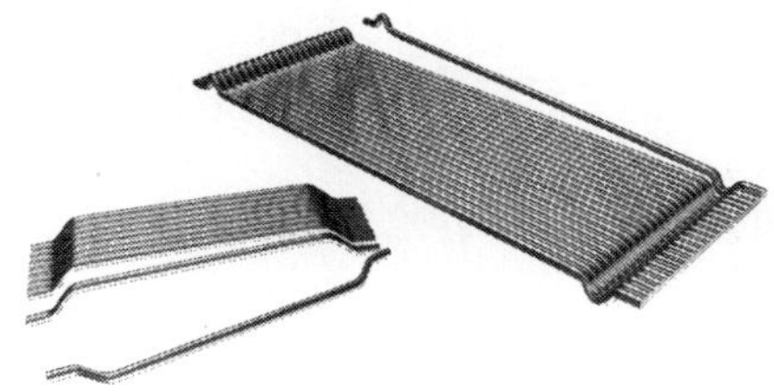

그림 6.14 SFRC에 사용되는 스틸섬유 [출처: ©Peter Sobolev/Shutterstock]

다음으로는 건축용 섬유제품으로 사용되는 폴리프로필렌(PP) 섬유와 폴리에틸렌(PE) 섬유의 특성에 대해 알아보자.

| 폴리프로필렌(PP) 섬유 보강재

폴리프로필렌(PP) 섬유 보강재는 내알칼리성과 단기간 충격하중에 대한 저항성이 우수하며 가격이 저렴하다는 특징이 있다. 주로 터널의 연결재료나 수중 파이프 폭발저항 콘크리트 등에 사용된다.

| 폴리에틸렌(PE) 섬유 보강재

폴리에틸렌(PE) 섬유 보강재는 화학적으로 시멘트와의 친화력이 약해서 별도의 섬유 표면처리가 요구되며, 이러한 처리 과정을 통해 강한 구조 결합이 생성된다. 또한 내수성, 내습성, 내열성, 방풍성 등의 특징이 있어 건축자재로 많이 사용된다.

건축용 섬유제품 중 흡음·단열재인 유리섬유(glass wool)와 경질 폴리우레탄(PU) 폼에 대해 알아보자.

| 유리섬유(glass wool)

glass wool(유리섬유)은 흡음·단열재로 사용이 어려우며 다른 단열재와 비교하여 경쟁력이 다소 떨어지지만 높은 치수 안정성과 유연함, 열저항성, 불연성, 내구성, 내부식성 등의 특징이 있어서 주택 및 건물의 보온 단열재 및 흡음재로 사용된다. 또한 극장, 스튜디오, 음악감상실 등의 흡음효과가 필요한 건물의 흡음재로도 많이 사용된다.

유리섬유의 기본 원자재는 모래이며 여기에 재활용 유리와 탄산나트륨과 같은 재료를 더해 만든다. 약 1400 ℃의 고온에서 용융 처리되어 섬유화 과정을 거친 뒤 성형 및 경화 과정을 통해 최종 형태와 강도 및 안정성을 갖추게 된다.

그림 6.15 유리섬유(glass wool) [출처: ©John Kasawa/Shutterstock]

| 경질 폴리우레탄(PU) 폼

경질 폴리우레탄(PU) 폼은 유기화합물질(TVOC, HCHO-폼알데하이드, 벤젠 등)의 방출이 없는 친환경 소재이며, 자세히 확대하면 그림 6.16과 같이 벌집 모양(honeycomb)의 구조를 형성하고 있다. 시공성과 가공 편리성이 뛰어난 장점으로 꼽히며, 단열 및 방수 효과가 탁월하고 접착성이 우수하다는 장점이 있다. 주로 지붕이나 벽 밑바닥의 단열재로 사용되며, 건축 패널, 수도, 배관 등에도 사용된다.

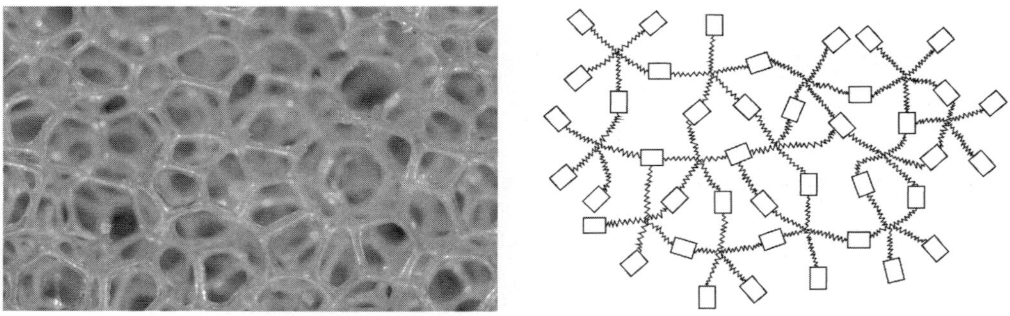

그림 6.15 폴리우레탄 폼의 벌집 구조 [출처: ©savva_25/Shutterstock]

마지막으로 막 구조물과 다리건설에 대해 살펴보자.

막 구조물의 지붕은 유리섬유 직물에 사불화 에틸렌수지(Poly Tetra Fluoro Ethylene(PTFE), 테프론)를 코팅하여 만든 8 mm의 얇은 막으로 제조된다. 유리섬유 직물은 섬유의 지름이 가늘수록 인장강도와 굴곡강도가 커지므로 섬유의 지름이 가는 실을 이용하여 만든다. 코팅재로 쓰이는 테프론은 유기화합물 중에서 내부식성이 가장 좋은 재료로 쉽게 더러워지지 않고 잘 부식되지 않으며 화재가 발생해도 잘 타지 않는 내화성의 특징을 가지고 있다. 또한 발수 및 발유성(1장, 프라이팬 소개)이 있어서 물에 의한 유리섬유의 가수분해를 방지하고 곰팡이 발생을 억제한다. 분자 내 탄소와 불소와의 결합력이 강하여 자외선 차단 및 내구성도 우수하다.

한편 전시회, 시설물, 공연장, 행사장 등에서 선명한 색채의 막 구조물을 찾아볼 수 있는데, 이러한 곳에 사용되는 막 재료는 합성섬유 직물에 PVC를 코팅한 것으로 PTFE를 코팅한 것보다 내구성이 다소 떨어지지만, 경제적이고 자유롭게 착색할 수 있다는 장점이 있어 일시적 막 구조물의 재료로 많이 사용되고 있다.

그림 6.16 막 구조물 [출처: ©Johnathan Ball, visual-journey/Shutterstock]

도보용 흔들다리는 탄소섬유, 아라미드 섬유를 이용하여 만들어지며, 탄소섬유나 아라미드 섬유의 강도는 금속의 6배 이상 강하다. 하지만 가볍기 때문에 바람이나 조그마한 충격에도 진동이 심하게 발생하므로 이에 대한 대책이 마련된다면 구간이 수천 미터가 넘는 다리건설도 가능할 것으로 예상된다. [그림 6.17]의 현수교는 케이블에 의한 인장력으로 지탱되는 다리이다. 이러한 케이블과 관련 자재의 기술이 점차 발달하면서 과거에 사용했던 쇠사슬에서 금속의 평형 케이블로 변모하였으며, 새로운 소재들도 꾸준히 연구되고 있다.

그림 6.17 케이블의 인장력으로 지탱되는 현수교 [출처: ©Christine Bird/Shutterstock]

앞으로 토목·건축용 섬유의 기술개발 트렌드는 토목 섬유의 경우 천연섬유를 활용한 하이브리드 및 융복합 소재의 관련 제품 개발이 주를 이룰 것이고 이는 친환경적인 부분과 장기성, 내후성, 내구성 등에 기반을 둬야 할 것이다. 건축용 섬유의 경우 FRC(Fiber Reinforced Concrete)를 활용한 산업부산물, 폐기물 처리 등의 사회문제 해결형 기술, 즉 폐기물 콘크리트의 재활용 기술이나 재처리 기술 등으로 연구 개발이 진행될 것이다. 또한 4차 산업혁명 관련 스마트기능이 융합된 기술개발이 계속해서 상용화될 것으로 전망된다. 다음 [그림 6.18]은 건축물에 스마트 섬유를 적용한 것으로 건축물의 안전성을 실시간으로 계측하는 기술이다. 특히 탄소섬유를 건물 구조의 보강재로 사용하면서 지진 등 외부환경에 의해 건축물에 걸리는 장력을 측정할 수도 있다.

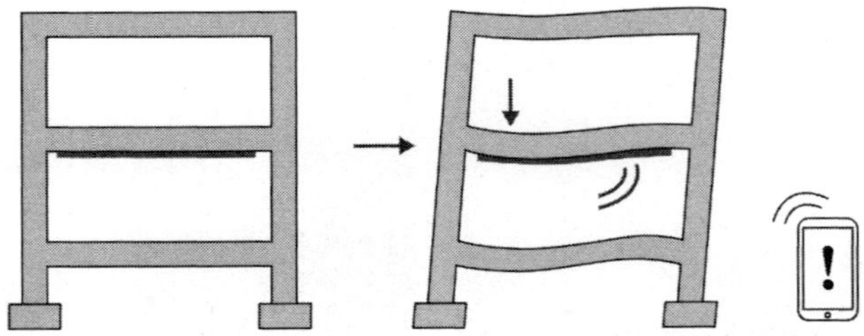

그림 6.18 건축물에 적용한 스마트 텍스타일

앞으로는 방재 기능이 있는 강화섬유제품을 건축물에 적용하여 국가재난 피해를 최소화하기 위한 하이브리드형 지오컴포지트 제품에 큰 이목이 쏠리고 있다. 기존 유리섬유에서 PPS, LCP, 아라미드 등 역학 특성이 우수한 소재로 대체하거나 생분해성 소재 도입을 통한 환경친화형 토목합성재료가 제조될 것이다. 또한 이 모든 과정은 시공방법 등 안정성에 대한 확실한 신뢰성 검증 과정을 거쳐야 하며, 향후 소재 분야가 토목, 건설, 수송, 해양 및 환경 분야와의 거대 인프라 구축도 가능할 것으로 예상된다.

6.2 쾌적함을 주는 주거환경

6.2.1 친환경마크

환경마크제도는 용도가 같은 여러 제품 중 상대적으로 제품의 환경성을 개선한 경우, 그 제품에 환경마크 로고(그림 6.19)를 표기함으로써 구매자(소비자)에게 환경성 개선 정보를 공유하는 인증제도이다. 친환경 건축자재로는 다음 표 6.2와 같이 실내 건축물 및 실내장식 용도로 바닥재, 페인트, 벽지 및 조명기구 등이 사용되고 있다.

표 6.2 친환경 건축자재

바닥재	온돌마루, 황토바닥재, 참숯바닥재, 향균타입 등
페인트	무공해 수용성페인트, 천연페인트, 규조토, 액상 참숯페인트, 광촉매코팅재 등
벽지	참숯, 쑥, 녹차첨가벽지, 천연한지 등
조명기구	향균 탈취 조명기구 등

그림 6.19 친환경 제품 인증 환경마크

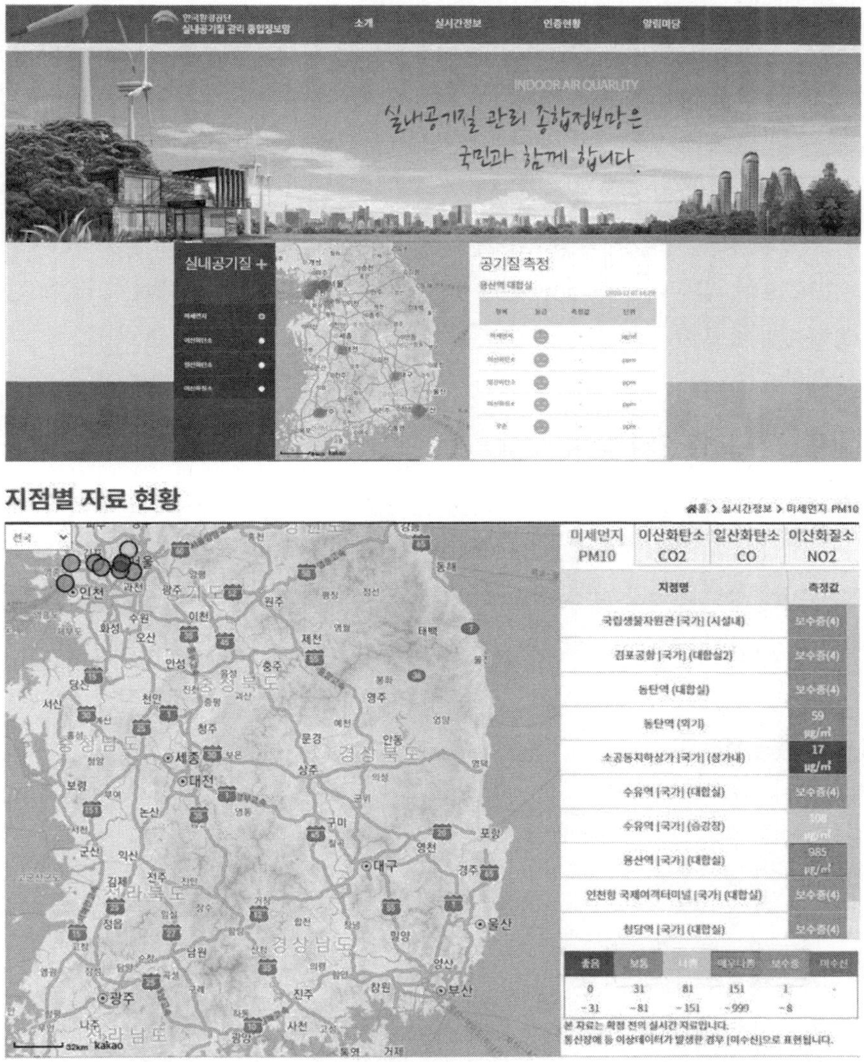

그림 6.20 실내공기질 관리 종합정보망 홈페이지(www.inair.or.kr/oper)(위)와 실시간 정보 현황(아래)

국내뿐 아니라 전 세계적으로도 요즘 '친환경', '환경친화적', 'Eco-friendly', 'Green technology' 등 환경에 대한 이목이 크게 집중되고 있다. 정부 차원에서도 화학물질이 많이 포함된 제품의 구매를 피하고, 친환경 제품으로의 구매를 유도하고 있다. 나아가 어떤 제품이 친환경 제품인지 알고 싶을 때는 '한국환경산업기술원, 녹색제품 정보시스템, 한국공기청정협회' 등의 인터넷 사이트에 접속하여 제품에 대한 정보를 확인하고 구매할 수 있으니 참고로 알아두면 좋다.

한국환경공단에서 관리하는 '실내공기질 관리 종합정보망' 웹사이트를 통해 국가가 운영하는 측정망으로서 지하역사, 지하상가 등 많은 사람이 이용하는 시설의 실내 공기 질을 24시간 관찰한다. 매월, 매분기마다 시설관리자에게 측정 결과를 통보함으로써 실내 공기 질을 쾌적하게 관리하는 것이다.

자료를 측정하는 지점 현황은 지하역사 등 17개 시설과 34개 지점으로 자동측정망이 운영 및 관리되고 있으며, 측정대상 자료는 미세먼지(PM10), 이산화 탄소(CO_2), 일산화 탄소(CO), 이산화 질소(NO_2) 등 4가지 항목이다. 각 측정 시설별로 5분 및 1시간 단위로 자료를 수집하여 해당 시설의 실시간 실내 공기 질 자료를 홈페이지에 공개하고 있다. 또한 실시간 자료는 '한국환경공단'에서 선별 및 확정 절차를 거쳐 환경부의 실내 공기 질 관련법 개정 및 정책마련의 기초자료로 활용되고 있으며, 해당 시설의 실내 공기 질 개선 컨설팅, 유동인구가 많은 지역에 전광판 설치 등을 통한 정보제공 등 다양한 방법으로 활용되고 있다.

6.2.2 실내 공기 오염원의 실태

최근 실내 공기를 어떻게 쾌적하고 깨끗하게 관리할 수 있는지에 대해 많은 사람들이 관심을 보이고 있다. 왜냐하면 각종 건축재료 및 인테리어 자재 등에서 발생하는 유해성분과 환기의 부족으로 인해 실내 공기 오염이 급증하여 우리 건강에 안 좋은 영향을 주기 때문이다. 환경부의 발표에 따르면 우리나라 국민의 하루 생활시간은 다음과 같다.

■ 국내 하루 평균 생활시간

- 주택 실내: 14.2시간(59.3 %)
- 기타실내(직장, 학교 등 기타실내 환경: 6.8시간(28.2 %)
- 이동: 1.6시간(7.3 %)

2015년 통계청 자료에 따르면, 우리나라 사람들이 실내에 거주하고 있는 시간은 하루 24시간 중 90 % 정도가 된다고 한다. 즉, 21시간 이상을 실내에 머물고 있는 것이다. 우리나라 사람들은 대부분의 시간을 다양한 실내 활동으로 보내고 있다. 2010년 이후로 미세먼지에 따른 실외 공기의 악화가 이유가 될 수도 있지만, 오염물질에 따라서는 실외보다 실내 공기의 질이 더 좋지 않은 경우가 많다. 특히 2020년 코로나바이러스 감염증(COVID-19) 때문에 인해 우리가 실내에 머무는 시간이 더 증가하면서부터 질 좋고 쾌적한 실내 공기를 유지하기 위해서는 어떻게 해야 하는지 많은 고민들이 필요하게 되었다.

실외(대기) 공기 오염물질보다 실내 공기 오염물질이 사람의 폐에 전달될 확률이 약 1,000배 가량 높다고 한다. 그만큼 실내 공기의 질은 이제 대기 공기의 질만큼 중요하게 되었다. 표 6.3은 실내에 어떤 유해물질이 존재하는지 정리한 내용이다.

표 6.3 실내 유해물질의 종류와 주요발생원

유해물질	주요 발생원
휘발성 유기화합물, 미세먼지, 타르, 니코틴	담배 연기 등
폼알데하이드(formaldehyde)	합판, 보드, 가구, 단열재, 담배 연기, 화장품, 의류 접착제 등
아세트알데하이드(Acetaldehyde)	합성수지, 접착제, 향료 등
아세톤(acetone, dimethylketone)	건축재료, 접착제, 락카, 매니큐어 제거제 등
벤젠(benzene)	건축재료, 페인트, 세탁재료, 살충제, 석유화학제품, 자동차 배기가스 등
에틸벤젠(ethylbenzene)	담배 연기, 자동차 배기가스
톨루엔(toluene)	건축재료, 페인트, 살충제, 담배 연기, 난방(석탄, 석유 연소) 등
자일렌(xylene)	접착제, 페인트 등
스틸렌(stylene)	접착제, 플라스틱 제품, 필름, 주방 랩 등
테트라클로로에틸렌(tetrachloroethylene,TCE)	카펫용 세제, 얼룩제거제 등
연소가스(CO2, NO2, SO2 등)	난로, 연료가스, 가스레인지 등
먼지, 중금속	의류, 담배 연기, 연소기구, 외부유입, 실내 생활 활동 등
부유 미생물(곰팡이, 세균 등)	가습기, 냉장고, 애완동물(털, 비듬 등), 음식물쓰레기, 카펫 등
라돈(radon, Rn)	토양, 침구류, 건축자재, 지하수 등

우리 주변에서 발생하는 유해물질의 종류와 그 원인에 대해 구체적인 사례를 들어 설명하고자 한다. 외부에서 실내로 유입되는 대기 미세먼지를 비롯하여 담배 연기 등 인간의 활동을 통해 발생하는 미세먼지가 있다. 또한 '새집 증후군' 유발물질인 휘발성 유기화합물(Volatile Organic Chemicals, VOCs)과 HCHO(formaldehyde, 폼알데하이드) 등이 있으며, 전자기기(컴퓨터, 프린터기 등)에서 발생하는 오존이 있다. 애완동물의 털이나 비듬에서 발생하는 병원균, 곰팡이, 세균과 집 먼지나 진드기 등과 건축내장재 중 물리적 오염물질인 석면 등도 있다. 여기서 석면의 경우 사람의 폐를 직접 공격하여 세포 기능을 저하시키고 질병을 유발한다. 과거 단열 성능이 우수하여 학교와 건물 천장재로 많이 사용되었지만 지금은 사용이 금지되었다. 하지만 이

미 석면을 사용한 건축물이 많이 있기 때문에 이러한 석면을 어떻게 관리하고 유해성을 극복할 것인지에 대한 중요성도 부각되고 있다.

마지막으로 유해물질 발생에 따른 개선방법과 예방법에 대해 구체적인 사례를 들어 설명하고자 한다.

| 실내 공기 관리 및 개선방법

실내에 거주하는 우리는 어떤 방법을 통해 실내의 공기 질을 개선할 수 있을까? 요즘 뉴스와 SNS 등을 접하면 다양한 방법들이 많이 알려져 있는데, 먼저 환경부의 지침은 하루에 3번 이상 30분 동안 창문을 열어 자연 환기를 하는 것을 권장하고 있다. 이렇게 간단한 환기만으로도 실내의 존재하는 유해물질 및 이후 발생하는 유해물질도 억제할 수 있는 효과가 있다고 한다.

다음으로 당연히 쓸기, 닦기 등의 주기적인 청소가 중요하다. 그리고 주방에서 음식물을 조리할 때는 창문을 개방하고 레인지 후드 펜을 가동하는 것이 좋다.

환경마크가 인증된 건축자재 및 인테리어 제품 등 친환경 제품을 사용하는 것이 좋고, 실내 온·습도(온도: 12~22 ℃, 습도: 40~60 %)를 적절히 유지하는 것도 중요하다. 의류와 침구류는 수시로 잘 말리고 잘 터는 관리가 중요하며, 신발은 햇빛에 충분히 건조 후 수납하고, 천연 방향제를 사용하는 것이 효과적이다.

| 조리시 유해물질 예방법

환경부 실험 결과 고등어를 굽기 시작한 지 5분 뒤, 실내 초미세먼지 농도는 주의보 기준인 90 $\mu g/m^2$ 수치보다 무려 25배, 삼겹살은 15배, 볶음밥은 12배 상승했으며, 계란프라이도 2배나 높다고 한다. 즉, 음식을 굽거나 튀기는 등의 조리 방식에 따라 미세먼지 및 유해물질 발생량이 급증한다는 것이다. 중요한 것은 이를 어떻게 줄일 것인지에 대한 부분인데, 일반 가정에서는 조리할 때 소음이 심해 레인지 후드 펜을 잘 사용하지 않는다고 한다. 하지만 이 펜만 잘 사용하더라도 상당히 많은 양의 미세먼지를 줄일 수 있다. 특히 실내에서 요리하고 있을 때뿐만 아니라 요리 전, 후에도 30분 동안은 펜을 켜줘야 한다(단, 레인지 후드 펜 필터는 주기적으로 교체 및 점검을 해야 한다). 여기에 창문까지 열어 환기를 하면 금상첨화이다.

| 새집 증후군 예방법

일반적으로 '실내 공기 개선'이라 하면 가장 먼저 떠오르는 것이 바로 새집 증후군이다. 이러한 새집 증후군을 예방하기 위한 다양한 방법에 대해 알아보자.

먼저 '베이크 아웃'이라는 방법으로 실내에서 발생하는 오염원을 단시간 내에 제거하는 방법이다. 모든 창문과 문을 닫고, 가구류 등 모든 서랍을 연 다음 보일러를 30~40 ℃, 5~6시간 동안 가동함과 동시에 밀폐시킨다. 실내 온도 상승에 따른 가구류에 포함된 VOCs가 더 빠르게 발생하기 때문이다. 그 뒤, 30분 이상 환기를 해줌으로써 실내에 떠도는 오염원이 순간적으로 실외로 빠져나가고 실외의 새 공기가 실내로 들어오게 되어 가구류의 VOCs 총량이 지속적으로 감소하게 된다. 이와 같은 방법을 3회 정도 반복하면 새집 증후군을 유발하는 물질을 손쉽게 제거할 수 있다.

생활 속 화학을 만나다

CHAPTER

07

생활 속 곳곳에서 고기능성과 고성능을 요구하는 화학섬유

생활 속에서 고기능성과 고성능을 요구하는 분야의 화학소재는 어떤 원리로 만들어질까? 2020년 우리나라 정부는 패션문화 강국으로 발돋움한다는 슬로건을 내세웠다. 이를 달성하기 위해 국제적인 기술 동향에 발맞추어 차별화된 제품의 개발을 위한 R&D 투자에 집중하고 있다. 그중 섬유소재는 옷, 침대, 벽, 실내 장식, 바닥재 등 일상 속에서 매일 접하는 제품군으로 유연(신축성)하고 편리(안락)하며, 소비자 지향(consumer-orientation)적인 특성이 있다. 따라서 이러한 섬유 기반 소재와 제품에 능동형 전자 섬유소재, 소자 시스템 기술을 접목하는 융합기술이 앞으로도 꾸준히 주목받을 것이다.

즉, 친환경·인체친화형 전자섬유(e-textile, Textronics), 플렉서블 디스플레이(flexible display) 분야 등에서 기계가 갖지 못하는 특성인 '휘어짐' 등의 유연성을 발휘함으로써 섬유소재 분야의 기술적인 패러다임(전환점)을 견인할 수 있을 것이다. 예를 들어 섬유 산업의 방적, 제직, 편직, 부직포 등의 기술과 전자 산업 및 광산업을 융합하여 의류와 일체화하는 스마트 의류(smart clothing) 관련 기술이 많이 보고되고 있다. 여기서 스마트 의류는 digital garment, digital clothing, SFIT(smart fabrics and interactive textiles), intelligent wear, electronic textile(e-Textile), textile electronics(Textronics) 등의 유사용어로 많이 사용되고 있다. 또한 가볍고 유연하며 이동성이 강조된 웨어러블 텍스타일(wearable Textile: 입을 수 있는 섬유) 기술도 있다. 따라서 정부에서는 스마트 섬유를 미래 유망산업으로 간주하여 국가 신성장 동력으로서 전략적인 투자를 하려고 한다. 산업원천기술로드맵 섬유 의류 분야를 살펴보면, 생각하는 섬유(intelligent 섬

표 7.1 다양한 스마트 섬유

구분	2007	2013	2017	2020
생각하는 섬유	고기능성 레저·스포츠 섬유 (자동온도제어 섬유 등)	생체신호 및 주변 환경 감응 섬유	주변 환경 응답형 섬유 (스텔스 섬유 등)	생체신호 및 주변 환경 자가응답 섬유
건강복지 섬유	인체·환경친화적 섬유	BT 융합 섬유	의료·실버산업용 섬유	인공장기 주요 소재
극한환경 섬유	구조보강용 토목 섬유 (초고강도 super 섬유 등)	자동차용 초경량 차체 및 부품 (초고강도 및 초경량 섬유)	항공·선박용 경량 동체에의 섬유	초고온·초저온 등 극한 환경용 섬유 (우주정거장, 해저호텔 등)
융합기능 섬유	IT·BT·NT 등 다기능 기술 접목 섬유	융합기능 복합섬유 (나노·의료 섬유)	기술응용 섬유 (초기능·초감성 섬유)	복합기능 섬유 (웨어러블 컴퓨터)

유), 건강복지 섬유(LOHAS 섬유), 극한환경 섬유(super 섬유), 융합기능 섬유(BT 융합섬유) 등 다양한 스마트 섬유를 개발하고 있다(표 7.1).

7.1 고기능성 소재

우리나라에는 봄철의 꽃샘추위, 여름철의 폭염과 폭우, 가을철의 짧은 낮과 큰 일교차, 겨울철의 한파 등 계절에 따라 제멋대로 변화하는 기후에 대응하여 기능성 소재들이 많이 등장하고 있다. 즉, 변화된 삶의 환경으로 인한 '환경 대응형 기능성 소재'와 GDP 상승 등 높아진 삶의 질로 인한 웰빙(well-being)을 추구하는 사람들의 관심 증가에 따른 '건강, 스포츠·레저 소재'가 그 예이다.

| 바이오매스

이러한 기능성 소재 중 친환경 소재로 잘 알려진 바이오매스(Biomass)는 석탄이나 석유계와 같은 화석연료를 사용하지 않고, 비석유계(식물성 오일, 목질계 식물자원, 해양 식물자원, 폐식물자원 등의 자연계 원료)를 사용하여 합성한 고분자로 만든 소재이다. 바이오매스 소재의 대표적인 섬유는 생분해성 플라스틱(polylactic acid, PLA) 섬유이다. PLA 섬유는 옥수수나 감자 등에서 추출한 원료를 전분화, 발효, 젖산(lactic acid)추출, 중합 등 바이오공법으로 만들어진 소재이다. 땅속에 매립했을 때(6개월~1년) 또는 대기 중에서(3~5년) 미생물이나 분해효소의 작용으로 100% 생분해되어 환경오염을 일으키지 않으므로 생분해성 또는 친환경 소재로 잘 알려져 있다(그림 7.1).

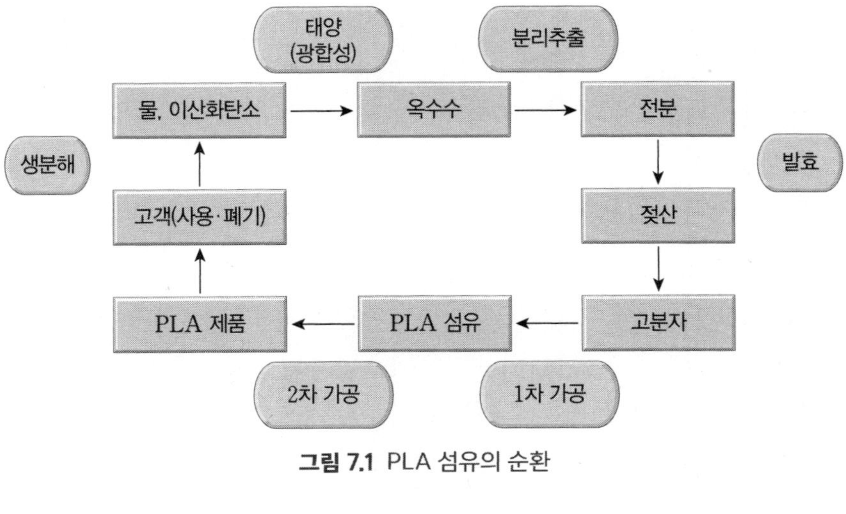

그림 7.1 PLA 섬유의 순환

이러한 PLA 섬유는 미국의 네이처웍스(NatureWorks) 사가 시장을 주도하고 있으며, 국내의 경우 LG, SK chemical, 제영산업, 이래화학 등에서 활발히 연구되고 있다. 독특한 진주 광택, 실크 촉감 및 생체 적합성이 뛰어나다는 특징이 있다. PLA의 용도는 형태에 따라 우리가 일상 속에서 자주 사용하는 플라스틱 분야, 시트 필름 분야, 섬유 분야로 나뉜다(표 7.2).

표 7.2 PLA의 분야별 용도

플라스틱 분야	식품 용기, 일회용 포크·숟가락, 화장품 용기
시트·필름 분야	카드, 접시, 비닐 포장용 비닐 및 봉투
섬유 분야	유아·노인용 의복, inner wear, 부직포 및 자동차 매트

다음으로 해양 자원 바이오매스에 대해 알아보자. 해양 자원 바이오매스는 육상식물계 바이오매스와 비교하여 수확이 더 유리하며, 단위 면적당 생산량이 많을 뿐만 아니라 활용공정도 간단하다는 이점이 있다. 해양 자원 바이오매스 소재의 대표적인 예로는 키틴(chitin) 섬유가 있다. 키틴의 구조는 [그림7.2]를 통해 알 수 있듯이 셀룰로스의 구조와 유사하다. 즉, 셀룰로스의 화학구조 내 –OH기가 –$NHCOCH_3$기로 치환되면 키틴 구조이다. 키틴 구조에서 탈아세틸화 반응을 거쳐 –NH_2기로 전환되면 키토산(chitosan)이 되는 것이다.

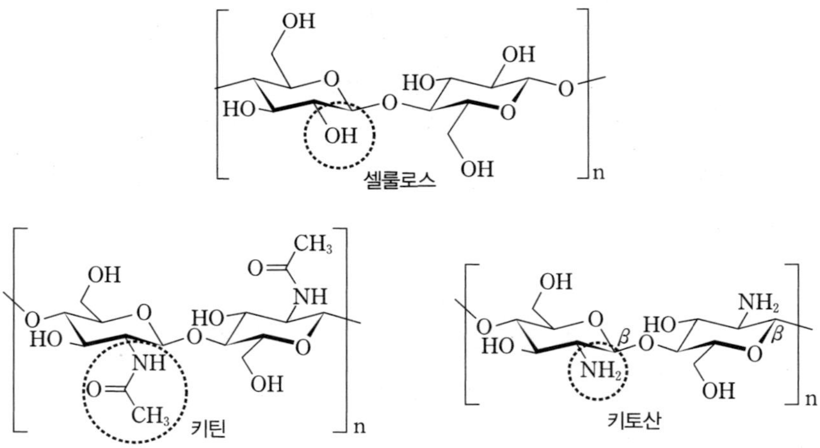

그림 7.2 셀룰로스, 키틴, 키토산의 화학구조식

키틴은 자체적으로 100% 구성되어 있지 않고 일부 키토산과 공존하고 있는 형태이며, 새우, 가재 등과 같은 갑각류 껍질의 주성분이다. 또한 우수한 생체적 합성으로 피부재생 및 인체 내에서 생분해할 수 있어서 상처 치료를 위한 드레싱(wound dressing)이나 상처 치유를 촉진할 수 있는 인공 피부 및 외과용 봉합사(surgical suture) 등 의료용으로 많이 적용되고 있다. 이러한 의료용 분야에 대한 내용은 7.2절에서 더 자세히 다루도록 하겠다.

끝으로 박테리아 생산 섬유도 바이오매스 섬유에 포함되며, 박테리아 셀룰로스나 박테리아 폴리에스터 등 박테리아가 생성하는 섬유를 의미한다.

박테리아 셀룰로스의 특성은 일반 식물계 셀룰로스 대비 순도가 높고 젤 형태를 띤다. 이러한 박테리아 폴리에스터는 100여 종 이상의 박테리아를 생산할 수 있고 입자의 크기가 약 0.5~1.0 μm 수준이며 열가소성 수지로 제조할 수 있다. 하지만 제조비용이 많이 들어 부가가치가 높은 의료(medical) 분야에 적용되고 있다.

| 리사이클섬유

'친환경 리사이클'이란 단어를 많이 접해보았을 것이다. 이러한 리사이클의 개념에 대해 간단히 알아보면, 상위 분류상 재이용(reutilization)은 재사용(reuse)과 재활용(recycle)으로 구분할 수 있다. 재사용은 원래 용도에 맞게 다시 사용하는 것으로 빈 병을 회수하여 재사용하는 것이 그 예이다. 반면 재활용은 폐지나 자원 등을 회수함으로써 53 %의 에너지 소비 감소율과 55 %의 이산화탄소 발생량을 절감할 수 있다.

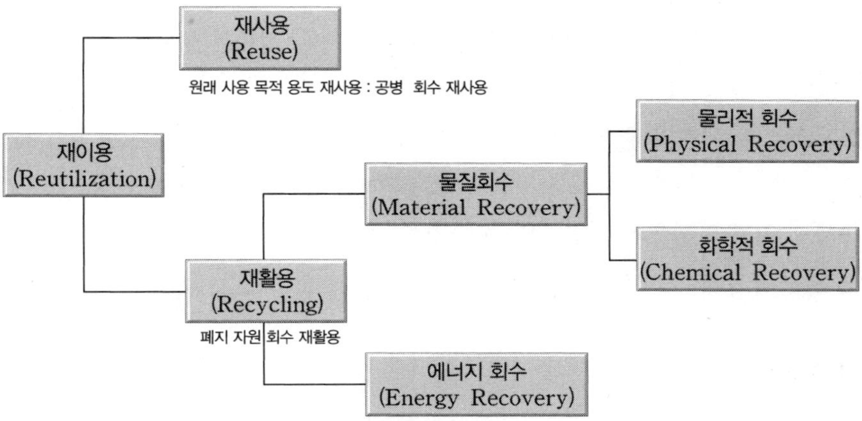

그림 7.3 리사이클의 분류

요즘에는 리사이클에서 더 나아가 업사이클(upcycle: 새활용)이라는 신조어가 생겼다. 업사이클이란 'upgrade'와 'recycle'의 합성어로 재활용하여 기존용도 보다 한층 더 높은 등급(grade)으로 제품화시키는 것을 의미한다. 예를 들어 폐현수막을 활용해 의류로 만든다든지 페트병을 활용하여 축구 유니폼을 만드는 등의 활용을 말한다. 티셔츠 한 벌을 제조하기 위해서는 12개의 PET 공병이 필요하다고 한다(그림 7.4). 또한 섬유를 재활용함으로써 부직포나 인형, 완구류 등의 충전재나 차량의 흡음재 및 건축자재로도 재탄생시킬 수도 있다.

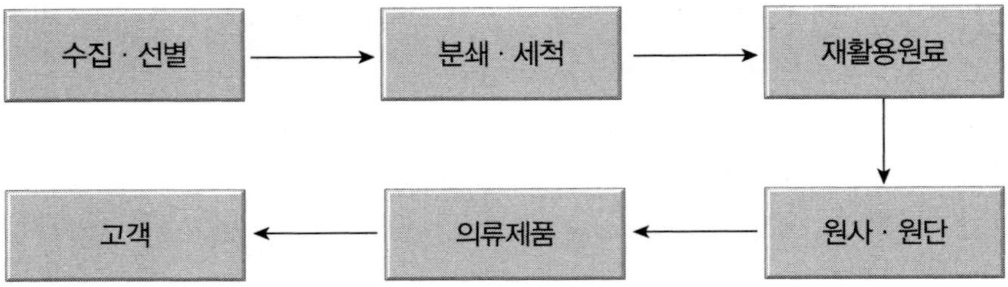

그림 7.4 페트병에서 의류제품으로[출처: 한국페트병자원순환협회]

7.1.1 의료용 소재

2000년도에 우리나라는 전체 인구 중 시니어의 비중이 7.3%로 고령화 사회(aging society)에 진입하였고, 이후 비중이 점차 증가하여 2018년 14.3%(738만 1천 명)로 고령사회(aged society)로 접어들게 되었다. 최근 통계청 조사에 따르면, 향후 저출산 및 수명 연장의 가속화로 인해 그 비중은 점차 증가하여 2025년 20.0%로 초고령사회(super-aged society)로의 진입이 전망된다고 한다. 이처럼 인구 고령화가 시작되면서 질병 치료 및 건강관리에 대한 관심이 증가함에 따라 의료용 섬유제품을 찾는 사람들이 확대되고 있는 추세이다. 의료용 섬유(medical textile)는 정부에서 내세운 기능성 섬유와 산업용 섬유 분야에 모두 포함하고 있으며, 특히 건강과 위생을 증진시킬 목적으로 인체의 생명활동에 직·간접적으로 사용되는 소재 및 제품을 일컫는다. 즉, 진찰, 검안, 처방, 투약, 외과수술 등과 같은 의료행위에 사용되는 섬유를 말한다.

여러 종류의 치료용 섬유와 위생섬유 등 다양한 의료용 소재와 특성 및 응용분야에 중점을 두어 최신 연구 동향과 개발 사례를 알아보자.

의료용 봉합사

치료용 소재 중 의료용 봉합사는 절개된 조직을 꿰매는 실을 의미하며, 지혈작용과 함께 손상된 조직이 치유될 때까지 조직을 지지해주는 역할을 한다. 봉합사의 소재는 콜라겐, PCL, PLA, PTFE, 폴리아마이드, PP 등이며, 공정 과정은 용융방사, 건식방사, 습식방사 등을 통해 제조할 수 있다. 마지막으로 봉합사의 요구 물성은 다음과 같다.

봉합사의 요구물성

- 사용 전, 반드시 멸균 소독을 시행할 것
- 수술 후, 조직의 변형에도 끊어짐 없이 조직을 지탱할 수 있을 정도의 강도를 가질 것
- 수술에 불편함이 없도록 뻣뻣하거나 쉽게 오그라들지 않을 것
- 매듭을 쉽게 묶을 수 있고, 쉽게 풀리지 않을 것

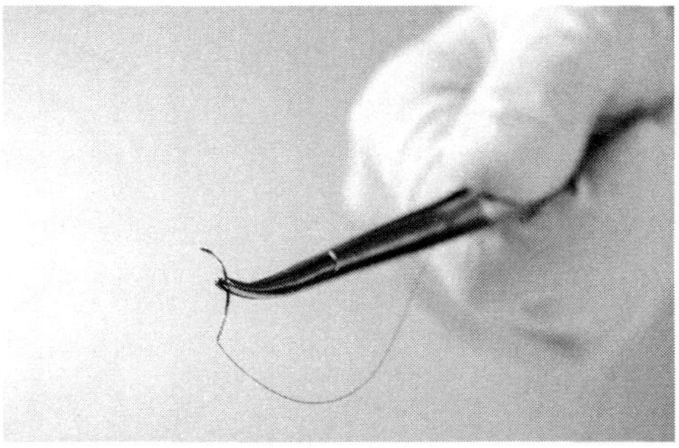

그림 7.5 의료용 봉합사 [출처: ⓒJulio Ricco/Shutterstock]

| 인공 피부

인공 피부(창상 피복재)는 피부의 상처를 치유하기 위해 결손 부위를 외부의 감염으로부터 방어하고 자가 치료 속도를 높이기 위한 보조제이다. 키틴, 키토산, 콜라겐, PCL. PGA, 실크, 폴리우레탄(PU), 실리콘 등의 소재가 사용되며 전기방사 방법을 통해 나노섬유로 제조할 수도 있다.

콜라겐은 대부분 동물, 특히 포유동물에서 많이 발견되는 섬유 단백질로 피부와 연골 등의 모든 결합조직을 차지하고 있다. 폴리아마이드 3개의 분자가 서로 나선으로 꼬여있는 밧줄 형태로 엉킨 실타래로 이해하면 쉬울 것이다. 단점은 봉합 후의 강도 유지 기간이 짧다는 것이다. 폴리카프로락톤(polycaprolactone, PCL)은 지방족 폴리에스터로서 결정성을 갖는 열가소성 고분자이다. PCL은 개화중합(Ring Opening Polymerization, ROP)에 의해 만들어지며, 생체 적합성, 생분해성 및 유연성이 뛰어나지만, 융점(melting point, Tm)이 60 ℃로 낮아 가공성이 떨어지는 단점이 있다. 폴리글리콜산(polyglycolic acid, PGA)은 PCL과 마찬가지로 지방족 폴리에스터이자 개환중합을 통해 제조된다. 융점은 PCL에 비해 높고 기타 물리·화학적 특성은 PCL과 유사하다.

4차 산업과 융합하여 만든 인공피부 안에 실리콘 전자 소자를 삽입하는 '센서용 전자 피부'는 생체정보가 무선 인터넷을 통해 병원에 전달되어 우리 몸의 건강상태를 병원에 가지 않고도 실시간으로 확인할 수 있다는 장점이 있다.

■ 인공 피부의 요구물성

- 면역 반응이 적고, 치유 효과를 높여 흉터를 남지 않게 하거나 적게 남길 것
- 잘 늘어나면서 찢어지지 않을 것
- 수분 조절 및 통기성이 우수할 것
- 세균 등으로부터 상처를 보호할 것

| 인공 신경

인공 신경은 신경 세포를 모방하여 손상된 신경을 대체할 수 있는 역할을 한다. 인공 신경의 공정은 전기 방사법이 가장 많이 사용되며, 재료의 특성에 따라 micro 혹은 nano 크기를 갖는 섬유로 만들 수 있다. 소재로는 콜라겐, 피브로인, 키토산, PLGA, PLCL 등이 사용되며, 인공 신경의 요구물성은 재생하고자 하는 조직의 특성에 적합한 생체이식 재료를 선택해야 한다는 것이다.

| 인공 인대 및 힘줄

인대에는 탄력성 섬유가 있어 관절의 움직임을 활성화하며, 힘줄이나 근막(fascia)과 비슷한 역할을 한다. 단, 근육과 뼈를 연결하는 힘줄(tendon)과는 다르게 뼈와 뼈 또는 근육과 근육끼리 연결된 것을 말한다. 인대는 치주인대를 제외하고는 재생이 불가능 하지만, 봉대법을 활용한 시술은 가능하다.

흔히 알려진 전방 십자인대(anterior cruciate ligament, ACL)는 인대 중 가장 잘 손상되는 부위이다. 무릎의 안정 및 이동할 때 필수적으로 사용하는 전방 십자인대의 경우 주로 인공 인대 치환 수술법을 적용한다. 단, 인공 인대의 수술법이 일반화되었다고는 말하기는 힘들다. 인공 인대의 생체 적합성에 대한 연구가 선행되어야 하기 때문이다.

한편 인공 인대는 고분자라고 불리는 합성물질로 제조할 수 있으며, 인공 인대 및 힘줄에 사용되는 소재는 탄소섬유, 고어텍스, Dacron 등이 있다. 요구물성으로는 생분해성, 압축강도, 탄성력과 함께 끊어진 조직의 재생능력이 뛰어나야 한다. 보통 제직과 브레이딩(brading) 된 다공성 메쉬(mesh)나 실리콘으로 감아진 테이프를 사용하며, 향후 인공 연골과 고관절 등 섬유 구조체를 기반으로 한 인공장기에 대한 수요가 급증할 것으로 전망된다.

| 수술용 가운과 마스크

의료용 위생 소재 중 수술용 가운은 외과의로부터 혈액과 기타 오염원이 환자에게 전달되는 것을 차단하는 역할을 한다. 면과 폴리에스터 및 폴리프로필렌 등의 소재를 활용한 부직포 및 직물 형태로 제작되며, 부직포 수술용 가운의 장점은 공기는 투과하되 병원균은 차단하는 효과와 함께 가볍고 착용감이 우수하다. 수술용 마스크나 캡도 마찬가지로 오염원으로부터 각각 입·코와 모발을 보호하며 폴리프로필렌, 폴리에스터 및 비스코스 레이온 소재가 적용된 부직포 형태를 사용한다.

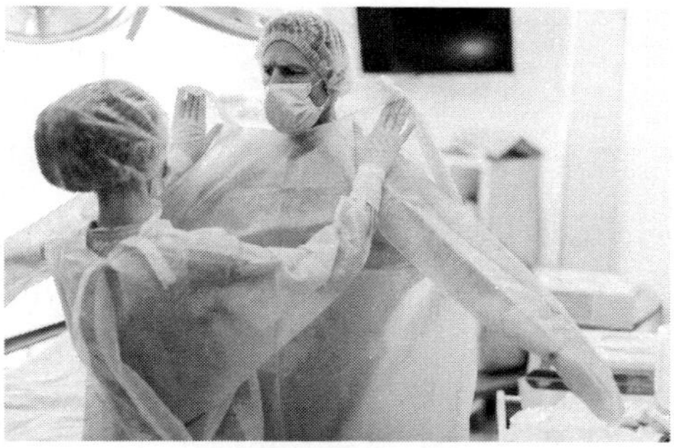

그림 7.6 수술용 가운과 마스크 [출처: ⓒOlena Yakobchuk/Shutterstock]

| 침대 시트류

진찰대나 검사대 및 환자용 침대 등과 같은 침대 시트류는 주로 면섬유를 사용한다. 단순히 세척만으로 높은 청결성을 기대하기 어려워 섬유의 표면을 인위적으로 평탄하게 하여 사용하고 있다. 이러한 침대 시트류의 요구특성은 흡습성, 통기성, 안전성, 내세탁성, 항균 방오성 등이 있다.

7.1.2 스포츠·레저 소재

우리가 입고 있는 내의는 대부분 흡한속건 소재이며, 의복 종류에 따라 다양한 소재로 구성되어 있다. 예를 들어 친수성 소재인 면, 나일론 및 큐프라와 소수성 소재인 폴리에스터, 폴리우레탄 등이 사용되고 있다. 여기서 친수성 소재는 부드러운 촉감과 흡습성·탄력성 등 우수한 특성이 발현되고, 소수성 소재는 독특한 광택과 빠른 건조성 및 쾌적한 촉감(청량감) 등이 부여된다. 이러한 친수성 소재와 소수성 소재의 장점만을 잘 활용하여 의류를 제작하면 흡한속건 성능이 발현되는 것이다.

흡한속건 소재의 특성 중 가장 중요한 성능은 바로 흡습성과 건조성으로 인해 발현되는 쾌적성일 것이다. 신체활동으로 발생한 땀과 수분을 흡수하고 외부로 신속히 배출하여 끈적하고 찝찝한 느낌을 해소함으로써 기분 좋은 상태, 즉 쾌적성을 유지할 수 있어야 한다.

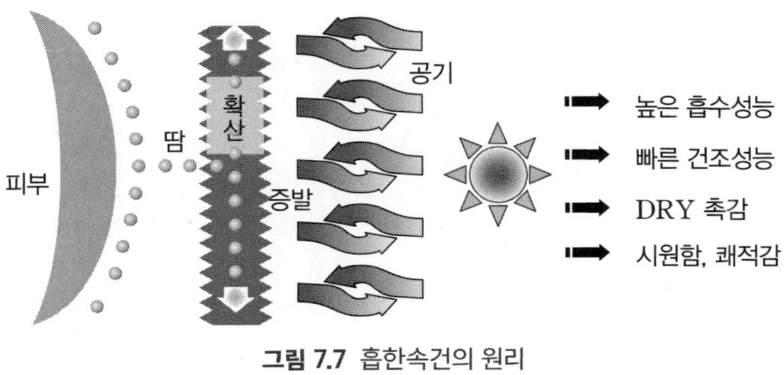

그림 7.7 흡한속건의 원리

흡한속건 특성의 발현 원리는 복합적이다. 단순히 소재만의 특성이 아니라 소재의 제직 공정을 통해 만들어진 원단 조직과 특성에 영향을 받는다. 즉, 이형 단면을 갖는 섬유(단면형태가 원형이 아닌 섬유) 다발 사이에 형성된 모세관을 통해 수분을 흡수하며, 물의 표면장력이 모세관 현상의 원동력이 되는 원리이다. 또한, 일반원사(단면형태가 원형인 섬유) 대비 표면적이 넓어 수분을 빠르게 전달하여 뛰어난 건조 기능을 수행하며, 중공 단면을 갖도록 하여 섬유의 공극률을 최대화함으로써 마찬가지로 모세관 현상에 의해 흡수성이 증가한다. 섬유의 측면이나 내부에 미세한 구멍을 형성시켜 이 구멍들이 섬유 표면에 연결되도록 조직을 설계하는 방식이나 다층구조화하는 방식도 있다. 즉, 이러한 흡한속건 소재는 스포츠·레저 분야에 널리 적용되고 있으며, 향후 이러한 기능성 소재는 주변 온도와 신체 상황에 따라 기능이 스스로 변화하는 환경 감응형 소재로의 연구개발로 방향이 진행될 것으로 전망된다.

한편 경제성장이 높아짐에 따라 생활 수준이 향상되어 라이프 스타일이 다양해지고 있으며, 그에 발맞추어 사람들은 여가을 즐기기 위해 스포츠·레저 활동을 즐긴다. 이는 육체 건강 이외에도 정신건강에 긍정적인 영향을 주기 때문인데, 이러한 분야별 스포츠·레저 섬유에 대해 알아보자.

| 양궁

우리나라 올림픽 대표 종목이자 효자 종목인 양궁은 양궁 활의 부분 명칭 중 날개(어퍼링)와 몸체(핸들)가 모두 탄소섬유를 이용하여 만들어졌다(그림 7.8). 활의 날개는 정확성과 조준 자세를 유지하는 가장 중요한 역할을 한다. 따라서 활을 쏜 후에 가능한 충격을 적게 받아야 하므로 가벼우면서 높은 탄성률을 갖는 탄소섬유복합재료를 적용하는 것이 좋다.

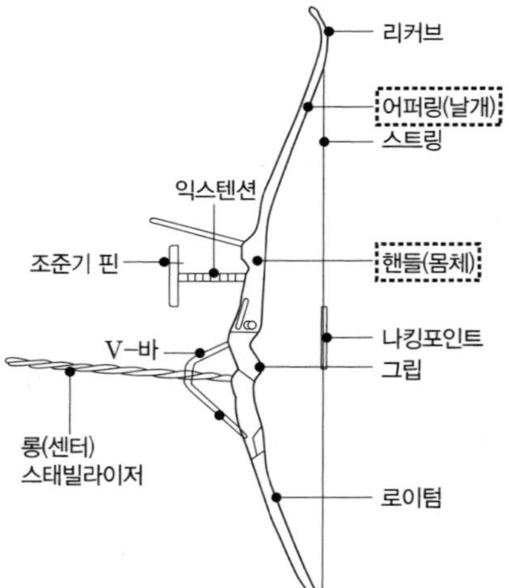

그림 7.8 양궁용 활의 부문 명칭

또한 충격흡수 외에도 진동감쇄가 필요하다. 활의 몸체도 마찬가지로 충격흡수와 진동감쇄 특성 및 경량화가 요구된다. 알루미늄핸들과 카본핸들을 사용한 비교실험에서 활의 상·중·하 세 부분의 충격과 진동을 측정하였는데, 카본핸들에서는 알루미늄핸들과 비교하여 충격흡수량과 진동감쇄성이 더 극대화되는 것을 확인할 수 있었다.

| 펜싱

펜싱은 0.03초 찰나의 순간에 들어오는 칼날과 빠른 속도 그리고 날카로움이 특징인 종목이다. 과거 1980년 구소련 모스크바에서 열린 펜싱경기에서 한 선수가 경기 중 부러진 펜싱용 검이 마스크를 뚫고 들어와 사망하는 사건이 발생하였다. 이후로 시합에 착용하는 보호복과 그 위에 입는 재킷이 800 N(약 81.6 kg)의 저항 압력에도 견딜 수 있도록 기존 규정이 더 강화되어 개정되었다. 이 펜싱용 보호의복에 적용된 소재가 바로 초고분자량폴리에틸렌(Ultra High Molecular Weight PolyEthylene, UHMWPE)이다. 분자량이 350~1,050만 g/mol 수준으로 일반 엔지니어링 플라스틱(EP) 소재(1~50만 g/mol)보다 최대 200배가량 높다. 이렇게 높은 분자량 때문에 내마모성과 내충격성이 현존하는 유기고분자 중 가장 뛰어나며 특히 이러한 특성으로 의료용(인체 이식재료, 인공 관절 등)으로도 주목받고 있어 향후 꾸준히 그 수요가 증가할 것으로 예상한다. 이외에도 파라아라미드인 케블라 섬유도 사용되고 있다.

그림 7.9 펜싱 [출처: ©Fotokostic/Shutterstock]

| 테니스

테니스의 역사에서 최초로 테니스 라켓을 경량화시킨 제품은 T-2000으로 머리 부분 프레임 주위에 와이어를 감아 줄을 연결하여 기존 제품보다 더 가벼우면서 강력한 스윙이 가능할 수 있도록 제작되었다. 이후 더 가볍고 유연한 알루미늄 테니스 라켓이 만들어졌으며, 그래파이트(흑연) 테니스 라켓도 가벼우면서 스윙력이 뛰어나게 만들어져 테니스인들에게 큰 인기를 얻었다. 현재는 티타늄이나 리퀴드메탈 등의 신소재를 활용한 라켓을 사용하고 있으며 가볍고 뛰어난 탄성력을 지니고 있다.

| 야구

포수의 충격보호복은 그림 7.10과 같이 마스크, 헬멧, 가슴보호대, 다리보호대로 구성되며, 타자용 충격보호복은 헬멧, 슬라이딩 팬츠, 발보호대로 구성되어 있다. 보호복의 소재 측면으로 접근해 보면, 포수용 보호복의 경우 강철파이프를 제외하고 대부분 ABS(acrylonitrile butadiene styrene) 합성수지가 사용되었고 내부는 폴리에틸렌·인조가죽 등이 적용되었다. 타자용 보호복의 경우 슬라이딩 팬츠는 P/C 혼방이고 발보호대는 겉감(충격에 강한 플라스틱, 인조피혁), 내부(쿠션 스펀지), 안감(폴리우레탄)으로 구성되었다.

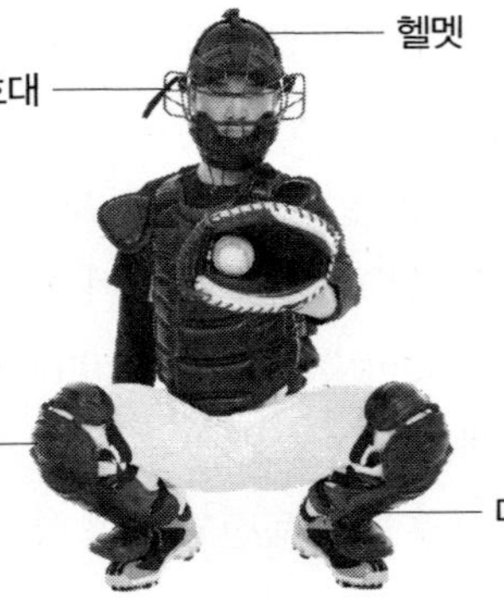

그림 7.10 포수의 충격보호복 [출처: ©Tom Wang/Shutterstock]

그 외 스포츠 종목에 태권도의 경우 NBR(니트릴 부타디엔 고무), 에멀젼(라디칼) 중합에 의한 20~40 % acrylonitrile을 함유하는 1,3-butadiene 혼성고분자 고무 스펀지가 적용된다. 축구 선수용 정강이 보호대의 경우 다공성 플라스틱이 사용된다.

| 자전거

초고분자량폴리에틸렌(UHMWPE)과 탄소를 복합화한 하이브리드 열가소성 복합재료는 가볍고, 충격에 잘 견디며, 진동을 줄이는 특성이 있어 골프채, 하키채 및 경주용 자전거의 핸들 및 프레임 등에 적용되고 있다. 특히 자전거 핸들 및 프레임의 파이프형 브레이드(braid) 구조는 봉형(손잡이) 구조와 함께 다양한 복합소재에 사용하고 있다. 여기에서 braid 직물은 3개 이상의 섬유 다발을 서로 교차하여 제작하는 제품으로, 섬유의 축 방향으로 배열시켜 끝부분에서 다시 접어 절단과정 없이 연속 상으로 만드는 것을 말한다. 형상에 따라 flat braid 직물, tubular braid 직물로 구별된다. 쉽게 말해 댕기 머리 모양으로 이해하면 되겠다.

그림 7.11 경주용 자전거의 핸들과 프레임 [출처: ⓒEugene Onischenko/Shutterstock]

| 수영

20세기에 전신 수영복이 등장한 이후로 수영복은 반바지를 비롯해 사각, 삼각 등 물의 저항을 최소화하기 위한 형태로 꾸준히 발전해 왔다. 최초의 수영복 소재인 나일론 소재를 비롯해 폴리우레탄과 폴리에스터 등 우수한 활동성과 낮은 저항성을 갖는 소재들이 등장했다. 상어 돌기(덴티클) 모양이나 비행기의 원리를 적용하여 물의 저항을 감소시키는 수영복이 그 예이며, 최근에는 선수들의 체형을 3D로 분석하여 제작하는 맞춤형 수영복까지 출시되고 있다.

한편 폴리우레탄 재질 수영복의 특성은 물이 침투하지 않고, 유연하며, 잘 늘어나는 것(인성)이 특징이다. 수영복은 부력(물에 뜨는 힘)의 증가와 마찰력의 감소(추진력 향상)가 주된 목적이다. 수영에서 좋은 성적을 내려면 물의 저항을 감소시켜야 하는데, 이러한 물의 저항은 크게 형상저항이 90 %를 차지하고 마찰저항이 10 %를 차지한다. 형상저항은 물의 흐름을 거스르는 신체 형상을 말하는데, 수영 중 선수가 발생한 와류가 많으면 저항이 증가한다는 것으로 이해하면 된다. 마찰저항은 수영복 표면이 매끄러울수록 감소하기 때문에 대부분 수영선수는 체모(털)를 제거하여 마찰저항을 감소한다고 한다. 인체공학적으로 보면 가슴과 엉덩이 부위의 저항력이 가장 큰데, 수영복을 만들 때 이 부위들을 압축하여 인체를 유선형처럼 잡아준다.

일반적으로 시중에 판매되는 수영복 재질은 폴리우레탄(20 %)에 폴리에스터(80 %)로 제조된다. 여기에서 폴리우레탄의 비중이 높으면 내구성이 낮아지지만 신축성과 부력이 더 좋을 것이고, 폴리에스터 비중이 높으면 내구성이 증가할 것이다. 선수들의 수영복의 경우 '0.01~0.1초' 단위의 싸움을 하기 때문에 폴리우레탄의 비중이 좀 더 높게 제작된다. 또한 수영복 표면을 피부보다 더 매끄럽게 하기 위해 다림질 및 실리콘 수지로 발수 가공을 하기도 한다.

과거에 신소재로 만든 수영복이 세계기록을 잇달아 경신하면서 '기술 도핑' 논란이 빚어져 국제 수영 연맹(Fédération Internationale de Natation, FINA)에서 기술위원회를 열고 향후 경기부터는 첨단 수영복 착용을 금지하기도 하였다. 수영복 소재를 폴리우레탄이 아닌 통기성 직물로 한정시킨 것이다. 또한 남자 수영복은 배꼽 부위를 넘거나 무릎 아래로 내려가면 안 되고, 여자 수영복은 목을 덮거나 어깨선을 넘어가지 않고 무릎 아래로 내려가면 안 되는 규정이다. 수영복을 몸에 꽉 맞게 하는 지퍼 사용도 금지시켰다. 그 이후로 폴리우레탄을 사용하지 않고서도 같은 효과를 낼 수 있는 소재를 찾기 위해 전 세계적으로 많은 노력을 하였다. 최근에는 '탄소섬유'가 수영복 재질에 일부 적용되고 있다.

7.2 고성능 소재

고성능 소재를 알아보기 전에 오늘날 이슈화되는 섬유강화 복합재료에 대해 먼저 살펴보자. 복합재료(composites)란 기재(matrix)로 사용되는 수지(resin)에 강화재(reinforcement, 보강재)인 섬유를 첨가하여 기존 기재의 성능을 높임으로써 새로운 성능을 발현하는 것을 말한다. 동시에 기타부자재(결합재(coupling agent) 및 충진제(filler))의 첨가는 잘 섞이고 잘 굳어지게(경화) 도와주는 역할을 한다. [그림 7.12]와 같이 탄소섬유 강화재와 에폭시 수지를 사용하여 스포츠카의 내·외장재인 탄소섬유강화플라스틱(Carbon Fiber Reinforced Plastic, CFRP)으로 적용된 것을 나타낸 것이다.

수지의 종류로는 열경화성수지(Thermosetting(TS) resin), 열가소성수지(Thermoplastic(TP) resin), 세라믹, 금속 등이 사용된다.

열경화성수지에는 에폭시(epoxy)나 페놀(phenol) 수지 등이 있고, 열가소성수지로는 폴리에

탄소섬유 에폭시 수지 CFRP

그림 7.12 섬유강화 복합재료의 활용 [출처: ©PRJ, TLaoPhotography, faboi/Shutterstock]

스터, 나일론 등의 EP 소재가 있다. 최근 환경 문제가 대두되면서 열경화성수지보다는 열가소성수지를 더 사용함으로써 플라스틱 복합재료(Fiber Reinforced Theromo Plastic, FRTP)와 관련된 많은 연구가 활발히 수행되고 있다. 섬유강화재의 종류로는 유리섬유, 탄소섬유, 아라미드섬유, 폴리올레핀계(PE, PP)섬유, PBO섬유, 보론섬유, 스틸섬유 등이 있다. 또한 섬유강화재의 형태는 섬유를 비롯한 실, 직물, 편물, 부직포, 브레이드 구조, 프리프레그(prepreg) 등이 있다. 간단히 말해서 원하는 용도 및 분야로 적용하기 위해 적용 분야의 요구 성능을 갖는 수지와 섬유강화재를 각각 선정하여 적절히 혼합하여 만들면 복합재료가 되는 것이다. 탄소섬유를 강화재로 적용하면 CFRP(Carbon Fiber Reinforced Plastic), 유리섬유를 강화재로 사용하면 GFRP(Glass Fiber Reinforced Plastic), 그리고 스틸섬유를 강화재로 이용하면 SFRP(Steel Fiber Reinforced Plastic) 복합재료가 되는 것이다(그림 7.13).

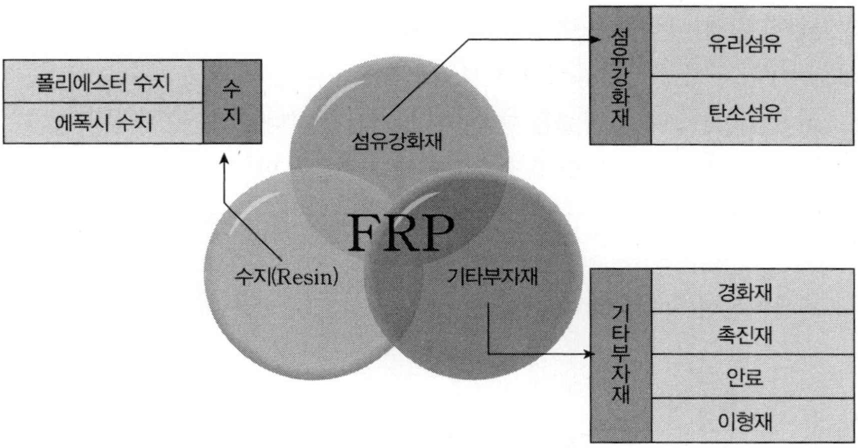

그림 7.13 FRP 소재

섬유강화 복합재료의 제조방법은 크게 두 단계로 이루어진다. 먼저 섬유강화재를 수지에 함침시키는 방법과 함침 후 고분자 수지의 삼차원화를 구현하기 위해 경화시키는 것이다. 경화 과정에서 수지는 더 단단해지고, 섬유강화재와 수지 간의 결합이 형성된다. 경화 과정은 외부 조건 없이 진행되거나 혹은 빠른 경화를 위해 고온·고압 등의 외력을 가하기도 한다. 섬유강화 복합재료를 제조하는 다양한 방법에 대한 구체적인 모식도와 특성을 다음과 같이 정리하였다.

1 수적층성형(Hand lay-up)

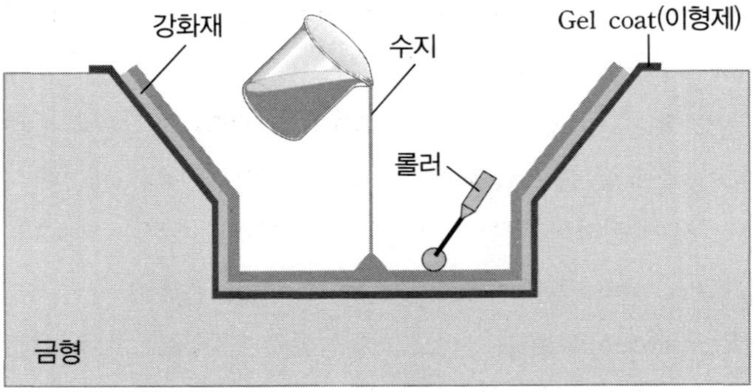

특성

- 가장 간단한 방법, 다품종 소량생산에 적합하다.
- Mold(금형) 위 두께 제어를 통해 요구 성능을 충족한다.
- Gel coat(이형제)는 표면의 품질을 향상시키는 역할을 한다.
- 롤러는 기포 제거, 두께 조절 및 표면 평활화하는 역할을 한다.

2 스프레이성형(Spray-up molding)

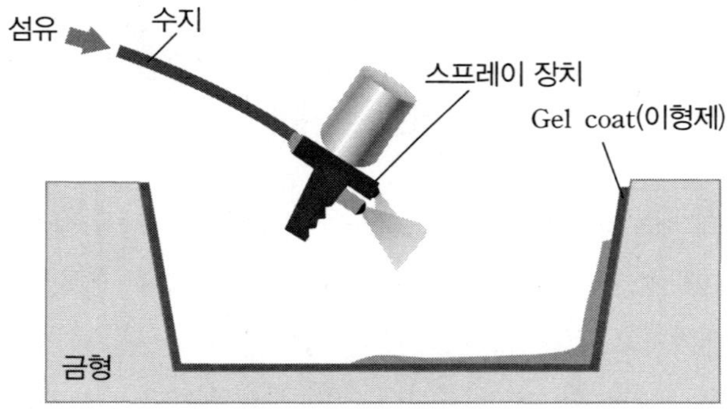

특성

- 스프레이 장치를 활용한다.
- 단섬유와 수지를 금형 위에 동시에 적층한다.
- 경화는 수지에 따라 실온이나 고온에서 진행된다.
- 생산성이 높다.

3 진공백(Vacuum-bag)성형 또는 압력백(Pressure-bag)성형

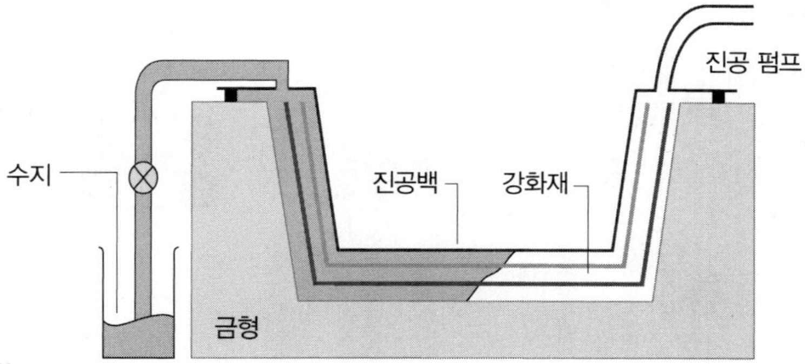

특성

- 내부기공은 진공상태를 만들어 제거한다.
- 복합재료 내부에 과량의 잔존 수지를 방지하기 위해 사용된다.
- 특수 밀봉재를 사용하여 백(Bag)과 금형 사이는 진공상태를 유지한다.
- 경화는 챔버에서 가열하여 진행된다.
- 크고 복잡한 부품이나 형태의 성형에 적합하다.

4 가압솥성형 또는 오토클레이브(Autoclave)성형

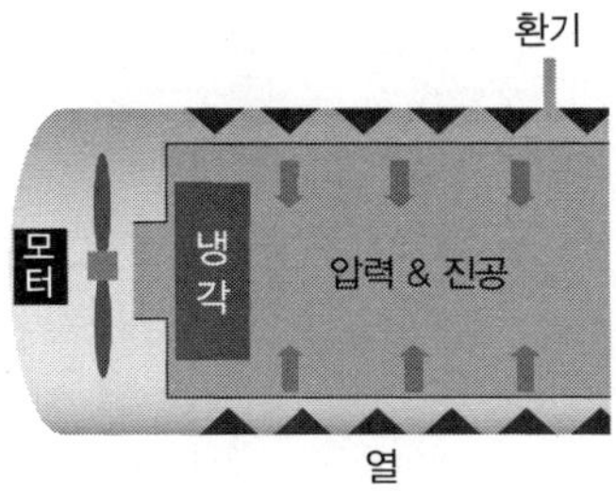

특성

- 진공백 성형과 유사하다.
- 단열된 원형의 금속압력용기를 이용한다.
- 내부기공은 뜨거운 증기로 제거한다.
- 생산성이 낮다.
- 품질이 우수하고 안정성이 뛰어나다.

5 인발성형(Pultrusion)

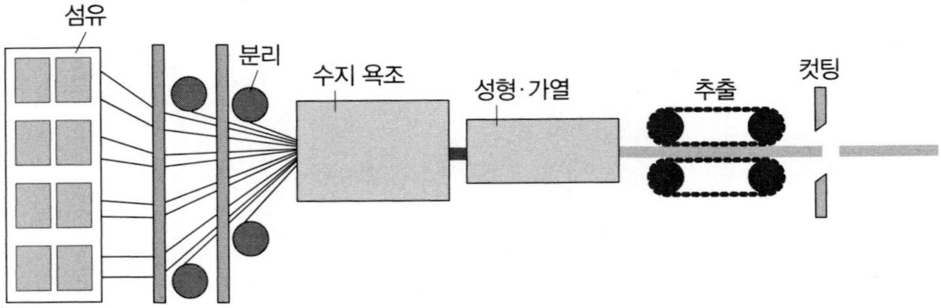

특성

- 섬유를 수지 욕조에 통과시켜 함침한다.
- 수지의 함량 조절이 가능하며, 인발 속도와 금형 온도가 중요하다.
- 섬유의 배열 및 함유량이 많아 기계적 물성 높다.
- 원형봉, 튜브, 채널, 아이빔 등의 단방향 단면 구조물에 적합하다.

6 수지이송성형(Resin Transfer Molding, RTM)

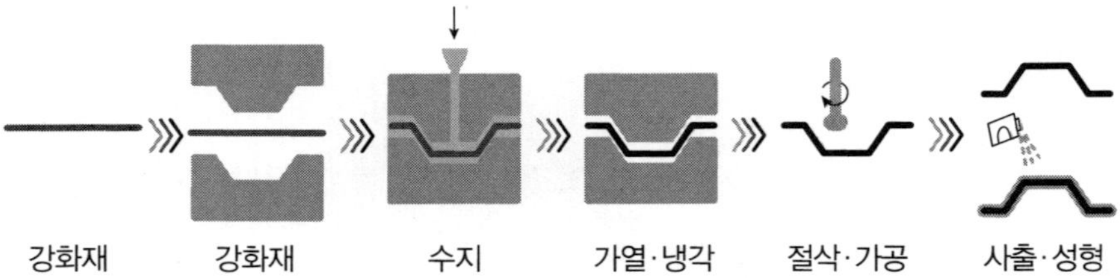

특성

- 복합재료 내 강화재가 수지보다 체적함유율이 더 높은 구조에 적합하다.
- 밀폐형 성형법이며, 복잡한 형상의 성형이 가능하다.
- 쉬운 작업성과 균일한 품질을 가진다.
- 생산성이 높다.

7 사출성형(Injection molding)

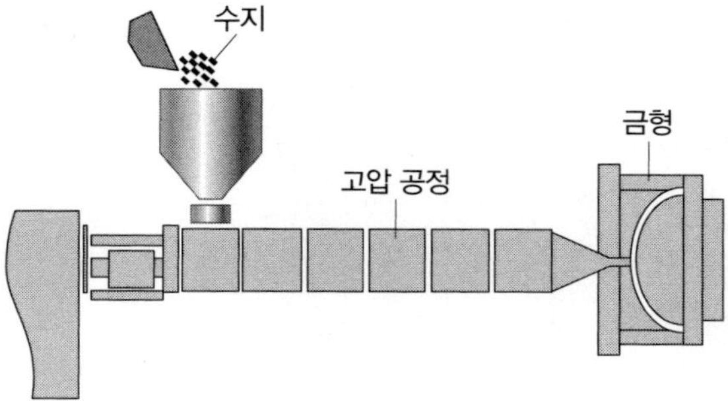

특성

- 금형 주조법(Mold casting)과 유사하다.
- 고압 공정을 가진다.
- 수지를 용융하여 금형에 주입한다.
- 경화 후 성형부품이 제조된다.
- 정밀한 표현이 가능하다.

8 압축성형(compression molding)

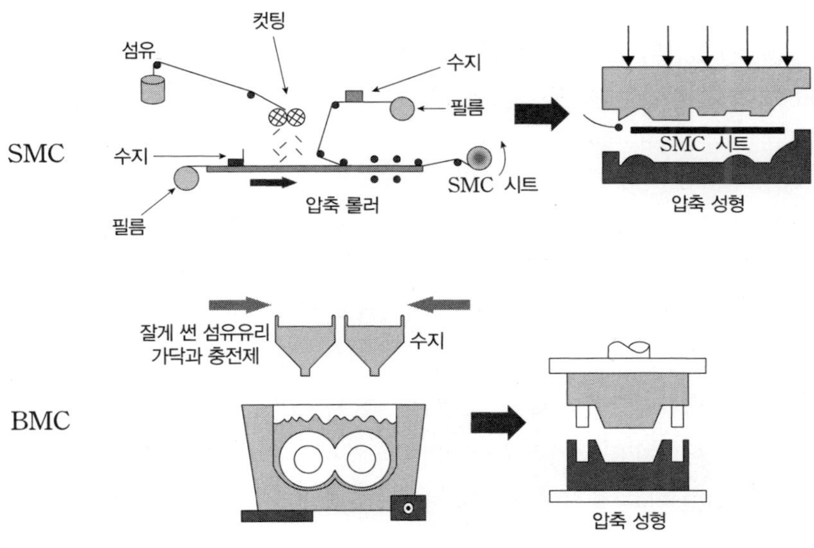

특성

- 저비용 대량생산에 적합하다.
- 균일성 및 재현성이 우수하다.

- 열가소성 및 열경화성수지 모두 사용할 수 있다.
- 미리 제조된 프리프레그나 직물프리폼을 금형에 넣어 작업
- 폐쇄형(closing system) 공정이다.
- SMC: Sheet molding compound
- BMC: Bulk molding compound

9 필라멘트 와인딩성형(Filament Winding)

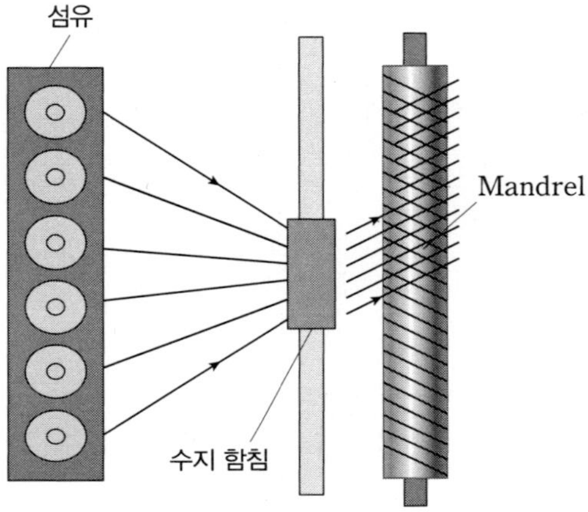

특성

- 섬유가 수지에 함침되어 Mandrel에 감긴다.
- Mandrel의 강도 및 각도 조절이 가능하다.

자동차, 조선, 우주항공 등의 수송용 고성능 소재는 주로 시트커버, 안전벨트, 타이어 코드, 헤드라이너, 에어백 및 각종 필터류 등에 적용된다. 수송 분야에서도 친환경 기술 및 바이오공법으로 얻어진 원료를 활용한 연구도 꾸준히 진행되고 있으나 내열성과 내구성의 보완이 필요한 상황이다.

최근 모바일 전자기기 시장이 빠르게 성장함에 따라 산업 및 학계에서는 하이브리드 전기 자동차(HEV), 고성능 에너지 저장 장치(ESS) 및 슈퍼 커패시터(super capacitor) 등에 관한 연구개발을 활발히 수행하고 있다. 여기에서 향후 자동차 방향은 하이브리드차(Hybrid electric vehicle, HEV), 전기차(Electric vehicle, EV)에 이어서 연료전지차(Fuel cell electric vehicle, FCEV)로의 개발이 진행될 것으로 전망된다. 하이브리드차의 개념은 내연기관 구동 시 발생하는 전기를 배터리에 저장시켜 활용하는 차량이며, 전기차는 배터리와 전기모터의 동력만으로 구동되

는 차량을 의미한다. 연료전지차의 경우 연료전지를 활용하여 수소와 산소 반응으로 전기를 생산하여 구동하는 방식으로 차세대 꿈의 차량으로 손꼽힌다.

한편 탄소 재료(carbon materials)는 우수한 전기전도성, 뛰어난 기계적, 열적 특성 및 높은 비표면적을 가지고 있어 분말(particle), 섬유(fiber), 펠트(felt) 및 복합재료(composite) 등의 형태로 다양한 산업 분야에 광범위하게 적용되고 있다. 이중 PAN계 탄소섬유(carbon fiber, CF)는 강도와 탄성률에 따라 여러 가지 등급으로 구분되고 있으며, pitch계 탄소섬유와 함께 전체 탄소섬유 시장의 90 % 이상을 차지하고 있다. PAN계를 비롯한 다양한 종류의 전구체를 이용하여 탄소섬유로 전환하면, 열처리 온도 및 가스 환경과 같은 열처리 공정은 탄소섬유의 최종 특성에 매우 중요한 영향을 미친다. 일반적으로 열처리 공정은 산화 안정화(stabilization), 탄화(carbonization) 및 흑연화(graphitization)의 세 단계로 분류할 수 있으며 [그림 7.14]와 같다.

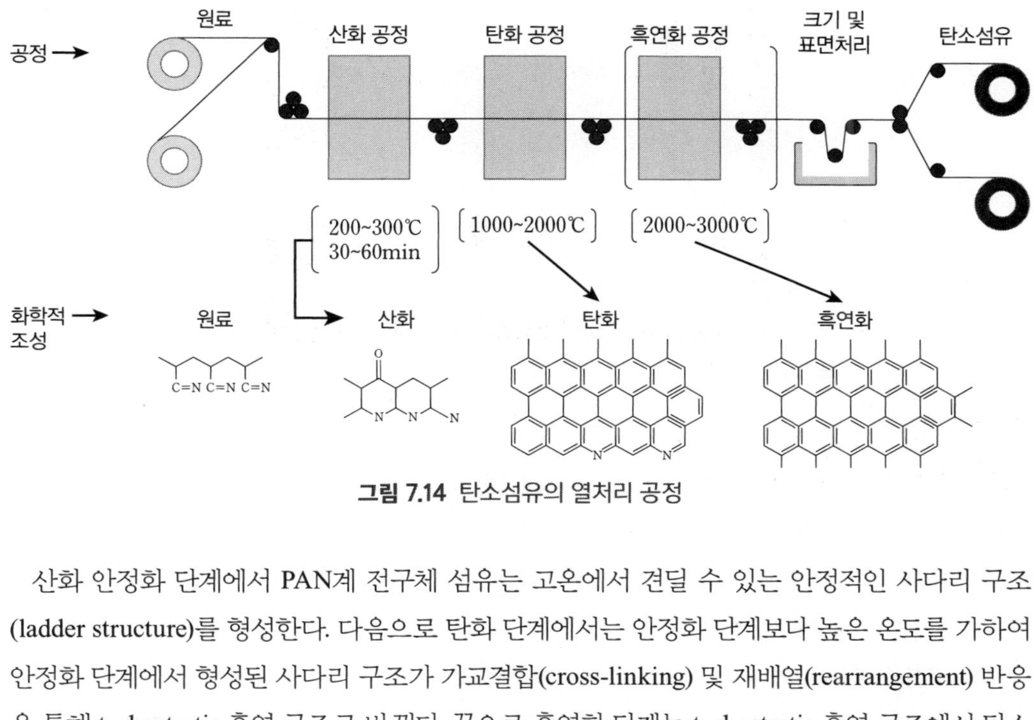

그림 7.14 탄소섬유의 열처리 공정

산화 안정화 단계에서 PAN계 전구체 섬유는 고온에서 견딜 수 있는 안정적인 사다리 구조(ladder structure)를 형성한다. 다음으로 탄화 단계에서는 안정화 단계보다 높은 온도를 가하여 안정화 단계에서 형성된 사다리 구조가 가교결합(cross-linking) 및 재배열(rearrangement) 반응을 통해 turbostratic 흑연 구조로 바뀐다. 끝으로 흑연화 단계는 turbostratic 흑연 구조에서 탄소기저면(carbon basal plane)의 배향을 통해 최종 탄소섬유의 탄성률(modulus)을 증가시킬 수 있는 흑연 구조(graphitic layer structure)를 형성하게 된다.

이처럼 탄소섬유를 활용하여 미래 산업 분야인 스포츠·레저, 바이오·헬스케어, 수송 분야, 군사 분야 및 스마트 의류·패션 등에 적용할 수 있다. 이러한 개념은 입는 IT로 지능형 섬유, 스마트 섬유 등이 웨어러블 기술과 혼용되기 때문에 4차 산업혁명 기술인 사물인터넷(Internet of things, IoT)과도 융·복합이 가능하다.

7.2.1 자동차

| 시트커버

자동차 시트커버는 의장성을 비롯해 화재 시 불에 쉽게 타지 않기 위한 난연성이 요구된다. 또한 한여름에는 차량 내부온도가 80 ℃ 이상으로 올라가기 때문에 온도 변화에 대한 안정적인 내구성 및 햇빛에 잘 견디는 내광성 내마모성(자동차 승·하차시 마찰이 많이 발생하여 헤지게 되는데, 이러한 성질에 잘 견디는 성질) 등이 핵심적인 성질로 손꼽는다. 재생셀룰로스 섬유 중 상품명 Tencell®로 잘 알려진 '리오셀(lyocell) 소재'는 최근 많이 사용되고 있는 친환경 섬유이면서 생분해성 소재로 내세탁성, 형태 안정성 및 습윤강도도 우수하여 자동차용 고급세단의 시트에 적용되고 있으며 그 수요가 급증하고 있다.

그림 7.15 자동차의 시트커버 [출처: ⓒGargantiopa/Shutterstock]

| 안전벨트

초기에 안전벨트의 적용되는 소재에는 나일론이 사용되었으나 최근에는 고강도 폴리에스터 장섬유가 주를 이루고 있다. 특징으로는 길이 방향으로는 휘기 쉬울(flexible)수록 좋고, 폭방향으로는 딱딱할(rigid)수록 좋다. 안전벨트는 승용차를 기준으로 한 대당 14 m, 약 800 g 정도의 무게가 나가며 국내에서는 연간 약 52,000톤이 생산된다. 최근에는 충돌 시 승객에게 작용하는 에너지를 흡수하는 고에너지 흡수벨트, 원착 안전벨트 등이 개발되고 있다. 안전벨트는 thermosol 염색법이 사용된다. thermosol 염색법이란 DuPont 사에서 개발한 염색법으로 주로 폴리에스터 섬유의 분산 염료에 의한 연속 염색법을 말하며, 염료 용액을 직물에 패딩(padding)하고 적절히 건조한 뒤 고온으로 건식 열처리(dry-heating)하는 과정을 말한다.

| 에어백과 카펫

에어백에 적용되는 소재는 폴리에스터보다 열적 성질이 우수하고 수납성과 피부의 손상도가 적은 고강도 나일론 장섬유가 사용된다. 자동차용 카펫은 크게 자동차용 floor 금형에 covering

형태로 molding하여 장착되는 floor mat와 운전자 및 승객이 직접 발로 접촉하고 있는 option mat로 나뉜다.

소음과 진동흡수 목적으로 1950년대부터 자동차에 장착되기 시작한 카펫은 우수한 압축탄성을 지니는 나일론이 적용된다. 고급차종에는 나일론사를 적용한 카펫이 사용되고 있으며, 중저가 차종에는 폴리에스터나 폴리프로필렌을 적용한 카펫이 사용된다.

이러한 자동차용 카펫의 요구물성은 흡음·진동 차단, 내마모성(abrasion), UV 차단, 난연성 및 압축탄성 등이 있다. 최근에는 나일론에 버금가는 압축탄성을 지니며 나일론보다 뛰어난 방오 성능(오염에 대한 저항능력)을 갖는 PTT(poly trimethylene terephthalate) 섬유가 자동차용 카펫에 적용되고 있다.

| 타이어 코드

타이어는 고무 외에도 다양한 소재로 구성되어 있다. 그중에서 내구성과 주행성 그리고 안정성을 높이기 위해 고무 내부에 들어가는 보강재(섬유)를 타이어 코드라고 한다.

초기에는 타이어 코드로 굵은 면사를 엮어서 썼으나, 타이어 코드끼리 마찰이 발생하여 쉽게 닳아버렸다. 그 후 내구성과 섬유 자체의 인장강도, 내수성과 내열성(열에 대한 저항능력) 등 추가적인 성능이 요구되었다. 또한 다양한 고분자 합성 기술이 발달하면서 레이온, 나일론, 폴리에스터 등의 합성섬유들이 차례로 쓰이기 시작하였다. 오늘날에 주로 사용되는 타이어 코드지는 주로 벨트와 카카스(carcass: 타이어의 골격부) 부분에 사용된다.

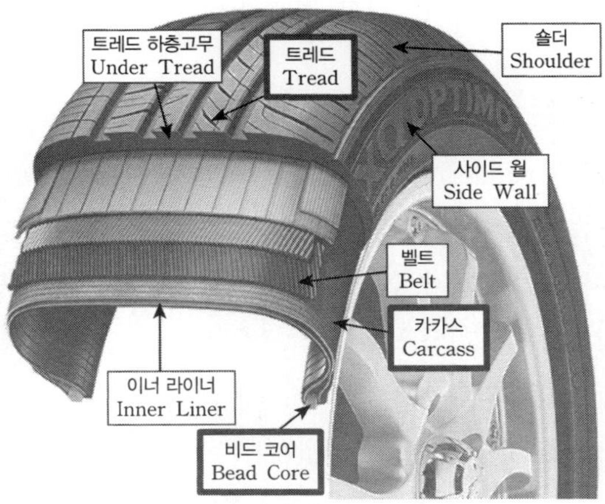

그림 7.16 타이어의 구조

타이어 구조별로 분류하면 크게 레디얼(radial) 타이어와 바이어스(bias) 타이어가 있다. 래디알 타이어는 카카스의 코드 방향이 타이어의 중심선에 대해 직각(90°)으로 배열되어 있고, 또 그 위에 강력한 벨트를 부착하여 고속 및 안전주행에 적합하도록 설계되었다. 주로 고속 저하중용인 승용차나 1톤 트럭용이며, 가격이 비교적 저렴하며 외력이나 열에 변형이 적은 폴리에스터가 카카스 재료로 90 % 이상 사용된다. 바이어스 타이어는 카카스의 코드 방향이 타이어의 중심선과 약 35°의 각을 이룬다. 주로 저속 고하중용 대형 트럭, 버스 및 건설용 차량, 항공기 등이며 강도와 내열성 등에 강점이 있는 나일론이 카카스 재료로 사용된다.

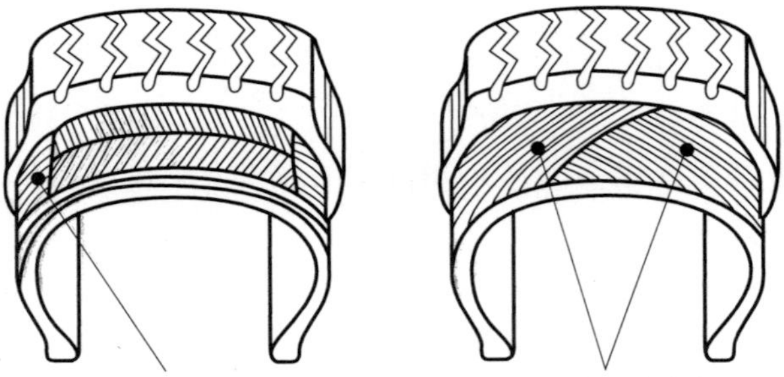

그림 7.17 타이어의 분류

라이오셀이나 PEN 타이어 코드는 타이어의 마모를 줄이고 강도를 더욱 높일 수 있는 소재로 자동차 성능이 좋아짐에 따라 타이어의 성능향상에 필수적인 소재로 부각된다. 이중 라이오셀 타이어 코드는 레이온을 대체할 수 있는 친환경 소재로 국내 효성 사에서는 이를 이용하여 타이어가 찢어지더라도 12 km 정도 더 달릴 수 있는 소재를 개발하고 있다. 향후 타이어의 경량화 및 소음감소, 지면 저항성 감소 등을 위해 타이어 코드지의 고성능화와 함께 PVA, 탄소섬유 등의 다양한 섬유들을 응용할 예정이다.

| 배터리 분리막과 에어필터

배터리 분리막(Battery separator)이란 자동차용 축전지에 탈락된 황화합물이 배터리 전극에 쌓이지 않도록 양극과 음극판 사이에 삽입된 것을 말한다. 주로 유리섬유를 사용하였으나 경제성 및 환경성 측면에서 내산성이 우수한 폴리에스터 섬유가 현재 승용차엔 가로, 세로 15×15(cm) 정도의 규격으로 사용되고 있으며(대형차는 15×30(cm)), 향후 전기자동차가 상용화되면 그 수요가 늘어날 것으로 전망된다.

1993년에 BMW, Mercedes 등의 고급차종에 배기가스를 비롯한 유리창 세정제, 각종 악취, 꽃가루, 중금속, 탄소, 황 등의 산업용 분진, 바이러스 및 박테리아의 유입방지를 목적으로 에어필터가 처음 적용되었으며, 이후 1999년도를 기준으로 양산용 자동차에도 적용되기 시작하였다. 자동차에는 12종 이상의 필터가 존재하는데, 이 중 50 % 이상이 섬유소재이며 주로 폴리프로필렌(PP) 섬유를 이용한 부직포 형태로 제품화되어 있다. 에어필터는 pre-filter, middle filter, bottom carrier의 3층 구조(three layer)로 구성되어 있다. 최근에는 항균, 소취성 등과 같은 기능성과 자체 세정력이 우수하여 관리가 편리하도록 개발이 진행되고 있다.

| 휠 아치 라이너

휠 아치 라이너(Wheel arch liner)는 자동차 바퀴의 흙받이와 사이드 패널에 반원형으로 열려 있는 부분에 있는 칸막이를 일컫는다. 이 부품은 주행 중 자동차 밑바닥의 돌에 의한 충격, 물 및 각종 오염물로 인한 차체 부식예방 등의 기능을 한다. 주행안전 및 차량 소음감소를 위한 부품이며 새로운 섬유 응용분야 중 하나이다. 기존에는 PVC나 EPDM(ethylene propylene rubber, 이중합성고무)을 사용하였으나 다소 무겁고 차량 소음이 심한 편이었다. 최근에는 폴리에스터 또는 폴리프로필렌으로 needle punching(NP) 된 부직포에 SBR(Styrene Butadiene Rubber, 스티렌 부타디엔 고무)로 코팅 처리한 제품이 개발되었으며, 기존의 제품과 대비하여 약 3 kg 정도 경량화 되었다고 한다.

| 브레이크 패드

자동차 제동장치 중 하나인 브레이크 패드의 구성물질은 13~20여 가지이며, 차량의 종류, 수지, 마찰계수, 온도특성, 소음특성에 따라 다르다. 적용되는 소재로는 세계적으로 DuPont사와 Akzo사에서 생산되는 파라계 방향족 폴리아마이드인 케블라(Kevlar)가 있다. 케블라는 강도, 탄성, 진동흡수력, 인장강도가 우수하며, 열수축이 적고 가볍고 마모성이 우수하다. 또한 철과 비교하여 겨울철 녹과 결빙현상을 방지할 수 있는 성능도 지니고 있다.

| 호스

자동차 내부엔 유체수송 및 압력전달을 목적으로 한 수많은 호스가 존재한다. 브레이크 마스터 실린더에서 발생한 고압의 유압을 바퀴까지 전달하여 제동시키는 브레이크 호스를 비롯해 power steering 호스, air conditioning 호스 등 다양한 물성과 형태로 적용되고 있다. 호스는 크게 내층, 보강층, 외층으로 구성되며 특히 보강층에 섬유소재가 많이 사용되고 있다. 호스형, 내압성 등에 따라 200~10,000데니어 굵기의 섬유를 이용하여 무처리연사, heat set 처리사, 접착제 처리사 및 편직물 등의 형태로 사용된다. 이러한 호스에 사용되는 섬유소재는 내압에 견디도록 충분한 강도를 가져야 한다. 또한 제조할 때 치수 안정성이 양호해야 하며 내피로성과 접착성이 우수해야 한다.

다음 표 7.3은 왜 자동차를 가볍게 만들어야 하는지(경량화해야 하는지)에 대한 설명을 한눈에 알아보기 쉽게 나타낸 것이다.

표 7.3 자동차의 경량화에 따른 효과

성능	효과
연비성능	3.8 % 향상(10 Km/l 및 15 Km/l 기준)
가속성능	8 % 향상(0~100 km/h 도달 시간)
제동거리	5 % 제동거리 단축
조향성능	핸들 조향 능력 6 % 향상
내구성	샤시(Chassis) 내구 수명 1.7배 증가
배기가스	CO(4.5 % 저감), HC(2.5 % 저감), NO_X(8.8 % 저감)

7.2.2 철도

철도차량 소재는 첨단 과학이 녹아든 결과물이다. 더 가볍게 그리고 더 튼튼하게 철도차량을 구성하는 신소재를 개발하기 위해 지금도 많은 연구 인력들이 상당한 노력을 하고 있다.

철도차량은 처음에 나무로 제조된 마차를 모티브로 한 목재 객차에서, 점차 수송능력이 발전하면서 사람과 물건을 함께 실어야 했기 때문에 보다 더 튼튼한 소재가 요구되었다. 또한 목제 차량의 차축을 하나씩 늘려가면서 기다란 형태의 철도차량을 개발하였고, 이렇게 개발된 초기 목재 객차가 오늘날 철도차량의 형태와 가장 유사하다. 오늘날 철도차량은 적은 소비전력으로 구동함과 동시에 많은 수송능력을 지닐 수 있도록 가볍게 만드는 경량화에 초점이 맞춰져 있다.

철도차량의 외장용 소재는 최소의 중량으로 최대의 내구성을 확보하도록 설계하는 것이며, 내장용 소재는 단연 화재를 잘 견딜 수 있는 난연성을 지니고 있어야 한다. 2000년대 초까지만 하더라도 국내 철도차량의 내장재는 스펀지 및 천으로 만든 의자, 폴리에틸렌 폼으로 제조된 단열재, PVC를 사용한 바닥재 등 화재에 취약한 소재들이 사용되었다. 그러나 2003년 대구지

그림 7.18 2003년 대구지하철참사 객실 내부(좌)와 난연제가 적용된 객실 내부(우)
[출처: 위키피디아, 최광모, ©DONGSEON KIM/Shutterstock]

하철참사 이후 철도차량 화재에 대한 경각심이 증가하여 국내 철도차량 내장재 교체 작업이 진행된 바 있다. 불연재인 스테인리스와 유리섬유는 각각 의자와 단열재로, 바닥재는 불연성 합성 고무로 바뀌었다.

향후 철도차량의 산업 분야는 수송능력을 향상시키기 위해 경량화 소재 및 복합소재 등을 철도차량의 내·외장용으로 적용하여 실제 운행 시 필요한 전력을 감소시켜 에너지를 절감할 뿐만 아니라 제동 시 분진 발생 감소 및 폐기 시 재활용이 쉬운 소재를 적용하는 친환경 방향으로의 기술개발이 진행되고 있다.

7.2.3 선박

전 세계적으로 조선 산업은 대형 선박용으로 화물·원유·LNG·석유화학제품·냉동화물 운반선·여객선(크루즈 선박 포함) 등과 중소형 선박으로 스포츠·레저용 요트·보트 등으로 구성된다. 세계 대형 선박용 분야는 국내 현대중공업을 필두로 일본 미쓰비시 중공업 등 네 개 업체와 중국의 한 개 업체와 함께 다섯 개 업체가 선두를 달리고 있다. 특히 섬유강화 복합재료(FRC)는 대형 선박과 중소형 선박의 구조재(시장의 약 68 %)로 많이 적용되고 있는데, 이는 친환경 및 경량화가 기술 추세로 자리 잡고 있기 때문이다.

포스코의 극저온용 고망간강(high Mn steel)은 세계 최초로 LNG 운반선에 5만 톤 규모로 적용되었다. 이 고망간강의 특성은 극저온인 영하 196 ℃에서 뛰어난 강도와 충격 인성을 유지하며 강재와 용접재료의 가격경쟁력이 우수하다. 따라서 향후 선박 및 운반용 저장탱크 등 다양한 산업 분야에 적용될 것이다. 또한 선박이나 해양시설에서 물이 닿는 부분에 덧칠하여 해양 생물의 부착을 막는 데 사용하는 방오성 소재도 있다. 방오성 소재는 말 그대로 오염을 방지하는 특성이 있어서 표면에 각종 오염물이 달라붙지 못하게 한다. 미세하고 뾰족한 바늘 기둥 구조를 만들고, 그 위에 친수성이 강한 소재를 얇게 씌워 필름화시켜 박테리아 등의 오염원들이 바늘 구조에 찔려 사멸하는 원리이다(그림 7.19).

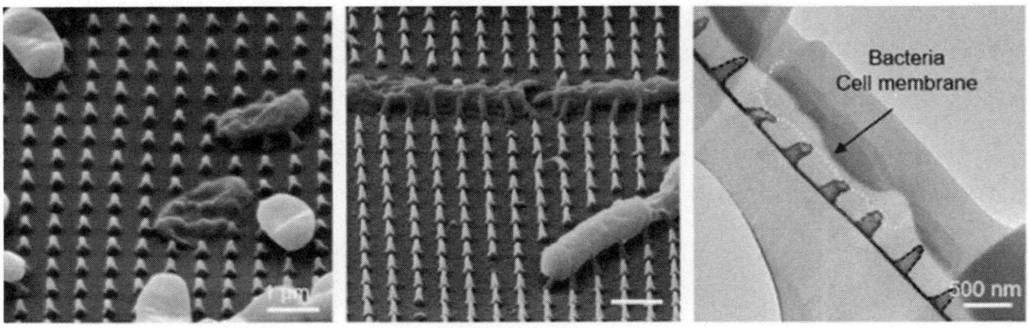

그림 7.19 해조류를 본떠 만든 초강력 방오성 소재 [출처: UNIST]

최근 조선(선박) 분야의 관심은 에너지 측면에서 더 큰 크기의 선박을 만들어 더 많은 승객이나 화물을 운송하기 위한 기술을 개발하는 것으로 이러한 특성을 만족하기 위해서는 경량화된 섬유강화 복합재료를 선박의 주요 부품에 적용해야 하는 것이다. 이미 오래전부터 소형 선박, 레저 스포츠용 보트, 요트 등의 분야에서는 섬유강화 복합재료가 폭넓게 사용되고 있다. 특히 여객선과 같은 승객용 선박의 경우 내장재 및 인테리어 소재의 쾌적한(comfort) 특성과 심미적인 특성이 중요한 문제로 자리 잡고 있기 때문에 소비자(고객)의 감성까지 고려한 소재 및 제품이 개발되고 있다.

❙해양용 소재

초고분자량폴리에틸렌(UHMWPE) 섬유가 적용된 기능성 어망을 비롯해 로프, 잠수복, 방수복, 선박용 소재 등 다양한 섬유들이 해양산업 분야에 적용되고 있다. 일단 해양산업에 적용되는 소재의 요구 특성으로는 염분에 저항할 수 있는 내부식성을 비롯해 불연성, 저온강도, 내크리프성(하중이 가해진 상태에서의 변형 저항성) 및 내흡습성 등이다. 상기 UHMWPE 소재 외에도 고성능 아릴레이트 섬유(PAR), 아라미드 섬유, 탄소섬유 등의 고성능 소재가 적용되고 있다.

기타 스포츠·레저 분야 중 보드류의 해양레저장비에 탄소섬유와 그 복합재료가 적용되고 있다. 예를 들어 파도타기용 서프보드(surf board), 바람을 이용한 윈드서핑 보드(windsurfing board)나 카이트 보드(kite board), 보트용 웨이크 보드(wake board)와 수상스키(water ski), 수상오토바이(water auto bicycle) 등이 있다. 이 장비에 직물형 탄소섬유나 유리섬유가 강화재로 적용되고 있다. 특수 군사 분야로 군함 상부구조의 갑판이나 극지 운항 선박용 블레이드 및 극저온용 복합재료 LNG 용기 등에 탄소섬유와 복합재료 등이 적용되고 있다. 이러한 탄소섬유 복합재료가 사용되는 이유는 철(steel) 대비 30 % 이상의 경량화가 가능하고, 그로 인한 연료 절감 및 가속력이 증가하여 좀 더 빨리 목표지점에 도착할 수 있다는 것이다. 또한 수명도 20 % 이상 향상하는 이점이 있다.

현재 우리나라는 유해 해조류로 인한 문제가 꾸준히 증가하고 있으며, 그중 서해안과 제주도에서는 매년 중국발 유해 해조류가 다량으로 해안으로 밀려와 수거 및 재활용에 대한 문제가 이슈화되고 있다. 특히 여름철 제주도 지역에 출몰하는 중국발 괭생이모자반(거대해조류)은 제주도 해안까지 떠 내려와 미관상 좋지 않고 고약한 냄새가 나는데, 이러한 폐기성 해양자원을 어떻게 처리할지가 관건이다. 물론 유해 해조류는 우리나라 연안에도 분포하고 사료나 식용으로 쓰이지만, 문제는 바다 건너 중국에서 너무 많은 유해 해조류가 해양 쓰레기와 섞여 우리 서해안과 남해안을 뒤덮고 있으며 그 양은 연간 5,000톤 이상에 이른다는 것이다. 이러한 해조류는 사료로도 인기가 없어 대부분 소각되기 때문에 사회문제 해결 및 재활용 관점에서 접근해야 한다.

이처럼 소각되는 유해 해조류를 재활용하여 자원 순환을 시행하며, 흡착제, 사료, 퇴비 등 예상되는 수요처를 파악하여 정부·업체·연구소·학교 등이 노력하여 복합재료로 제조하여 선박 수송용 내외장재 및 기능성 의류 침장구류 등에 적용하게 되면 매우 효율적일 것으로 예상한다.

7.2.4 항공

항공용 소재의 변천사를 간략히 알아보자. 1903년 라이트 형제는 여러 시행착오 끝에 저밀도 나무인 가문비나무, balsa, ply와 비단 및 강선을 이용하여 인류 최초의 비행기(Wright Biplane)를 개발하였다. 그 후 30여 년이 지나고 알루미늄합금을 동체에 입힌 비행기(Douglas DC3)가 만들어졌으며, 2010년에 보잉사에서는 CFRP를 활용한 Boeing 787을 개발하였다. 이 항공기는 동체 및 날개 등에 CFRP를 적용하여 총 부피는 20 % 줄이고, 무게는 43 % 감소시켜 궁극적으로 20 %의 연비를 개선시키는 이례적인 결과를 만들었다. 이전 기종인 Boeing 777의 CFRP의 비율은 12 %(13.5톤 사용)였으나 Boeing 787의 경우 그보다 38 % 더 늘려 총 50 %(약 56.1톤)의 CFRP(알루미늄 20 %, 티타늄 15 %, 철강 10 % 기타 5 %)를 비행기 동체에 사용하였다.

Wright Biplane(1903) Douglas DC3 Boeing 787

그림 7.20 항공 소재의 진화 [출처: 위키피디아, ©Ivan Cholakov, Skycolors/Shutterstock]

상업용 항공기 제조사 중 대표적인 회사를 꼽는다면 프랑스의 에어버스 사(Airbus)와 미국의 보잉 사(Boeing)이다. 이 두 회사의 항공기 운항 수준은 전 세계 시장의 75 %에 달한다. 한편 항공용 섬유의 필요특성으로는 안전성, 내구성, 난연성, 경량화, 쾌적성 등이 대표적이라 할 수 있다.

한편 비행기 엔진 부분은 비행 중 1,300 ℃를 훌쩍 넘어가기 때문에 탄소섬유를 사용할 수 없으므로 니켈 합금이 사용되었다. 최근에는 니켈 합금과 비교하여 무게가 1/3, 강도는 2배, 내열 온도가 1,800~2,000 ℃인 SIC 섬유(Silicon Carbide Fiber)의 사용을 검토 중이다. SIC 섬유를 사용한 엔진은 니켈을 사용한 엔진과 달리 엔진 공랭도 필요 없다. 이러한 SIC 섬유는 세라믹원료를 합성하여 전구체 고분자를 용융한 뒤 다양한 처리 과정을 거쳐 만들어지는데, 다른 이름으로는 티라노 섬유라고도 한다.

7.2.5 군사용 소재

오늘날 스마트 의류는 군사 분야에서 필수적인 부분이 되어가는 추세이다. 군 기관은 여러 산업계와 정부 기관 및 학계와 협력해 스마트 군복 개발에 대한 연구를 진행해 왔다. 스마트 군복은 전장에서의 효율성 증대뿐 아니라 군인 개개인의 건강상태를 확인할 수 있는 기능성 위주로 개발되고 있다. 특징으로는 첫째 부상으로부터의 보호, 둘째 부상 감지, 셋째 건강 및 스트레스 상태 감지 기능을 중점적으로 하고 있다.

전투복에 내장된 배터리에 연결된 버튼을 누르면, 작용자의 등에 닿는 안감에 열기가 전해지는 기능이 있다. 또한 배터리를 얇은 전선이나 코일로 연결하는 방식이 아닌 전도성이 뛰어난 탄소섬유와 실버 잉크 소재로 만들면, 세탁하더라도 무리가 없고 착용감이 편리할 뿐만 아니라 심박 수, 체온 등을 확인할 수도 있다. 부상을 입으면 자동으로 정보도 수신되며, 겉감은 눈과 비에 강한 방수 소재로 되어 있어 영하 20 ℃ 이하의 극저온에서도 견딜 수 있도록 만들어졌다. 미래 전투복은 주변 환경에 따라 색이 변하고, 입는 사람에 따라 크기도 조절 가능할 것이다. 또한 전투 중 총상 부위를 알려주며, 기후에 맞게 온·습도 조절을 자동으로 수행할 것이다.

더 나아가 특수분야의 군사용 스마트 섬유가 일상용으로 적용되는 사례에 대해 알아보자.

첫째로 미 MIT 군인나노기술연구소(Institute for Soldier Nanotechnologies)에서 개발한 나노기술을 플라스틱과 유리에 적용한 전투복은 특수섬유가 광학적 바코드 작용을 하여 특수 안경을 이용하면 야간 정찰 등에서 피아 식별이 가능하다. 또한 주위 환경에 따라 변색하는 카멜레온 전투복으로 전자파와 방사능 등을 반사하거나 열 폭풍으로부터 몸을 보호하는 기능이 있다. 향후 카멜레온 전투복의 실용화를 통해 패션의류 분야로도 적용할 예정이다.

다음으로 미 육군 병사체계연구소에서 개발한 수륙양용 잠수복은 수중에서는 방수, 육지에서는 공기가 잘 통하는 특징이 있다. 재질로는 폴리우레탄 형상기억 섬유(Polyurethane Shape-Memory Polymer)로 되어 있으며, 이 소재의 원리는 물속(저온)에서 구조가 조밀해져 방수 기능이 발현되고 대기 중(고온)에서는 구조가 느슨해져 통풍 기능이 발현되기 때문에 특수부대원의 작전 수행능력을 향상시킬 수 있다. 향후 사계절 착용 가능한 피복 연구개발에 적용하거나 수중활동 및 양식업 종사자에게 적용할 예정이다.

마지막으로 홍콩 BfR Holdings(Blast and Fragment Resistant) 사에서 개발한 대인지뢰 방호용 군화도 있다. 기존 전투화는 대인지뢰를 밟았을 경우 발목 절단 등의 피해로 인명 피해가 발생하였지만, 이 전투화의 경우 바닥을 특수섬유와 경량 강화 금속판으로 제작하여 대인지뢰에 의한 피해를 최소화하였다. 또한 기존 전투화와 동일한 무게이면서 지뢰 파편·열로부터 보호할 수 있으며, 바닥의 방수성이 우수하다는 특징이 있다. 그밖에 화생방 오염물질로부터 보호 가능한 군복이나 드레이핑(draping)에 의해 적의 레이더로부터 은폐할 수 있는 스텔스 기능을 갖는 위장막 등도 있다.

CHAPTER

08

4차 산업혁명 안에서의 화학

미국 시애틀의 한 상점에는 계산대와 계산원이 없다. 상점에 손님이 들어와 상품을 고른 뒤 상점 밖을 나오면 자동으로 계산이 완료된다. 왜냐하면 천장에 수많은 센서와 카메라가 소비자가 어느 상품을 구매했는지 실시간으로 감지하여 파악할 수 있기 때문이다. 비용은 신용카드로 자동 처리되며, 구매한 상품을 다시 진열대에 내려놓게 되면 취소 및 환불되는 원리이다. 이는 최근 amazon go에 관한 이야기이다.

그림 8.1 계산대와 계산원이 없는 상점 [출처: amazon go]

영국의 경제학자 아놀드 토인비는 '신기술이 출현하면서 생산과 소비 측면에서 폭발적인 변화와 결과를 초래하는 것'이라고 4차 산업혁명을 정의한 바 있다. 또한 초연결, 초지능의 시대라고도 불리며 신기술, 생산·소비, 폭발적인 변화·결과 이 세 가지의 3박자가 갖추어져야만 비로소 산업혁명이라 할 수 있다. 그렇다면 4차 산업혁명 이전에 1~3차 산업혁명의 패러다임은 무엇이었는지 알아보자.

먼저 1차 산업혁명은 18세기 후반 증기기관이 활용됨에 따라 초기 기계 설비와 노동의 분업을 통한 생산·소비의 급증이라 할 수 있다. 다음으로 2차 산업혁명은 전기와 컨베이어벨트의 발명을 통한 소품종·대량생산·대량소비의 시대를 열었으며, 3차 산업혁명은 컴퓨터와 인터넷의 발달로 인한 로봇 자동화 시대가 그 주축이라 할 수 있다. 그렇다면 4차 산업혁명은 무엇일까? 요즘 TV, 라디오, 인터넷, SNS 등 많이 접할 수 있는데, 인공지능, 빅데이터, IoT, 클라우드, 드론, 3D프린팅 등이 4차 산업혁명의 기술이라 할 수 있다. 그렇다면 왜 3차 산업혁명과 4차 산업혁명이 구분되는 다른지 한 번 알아보자.

3차 산업혁명과 달리 4차 산업혁명은 속도, 범위, 체제 이 세 가지 측면이 3차 산업혁명과 충격적으로 다르다고 세계경제포럼 회장인 클라우스 슈바프가 언급한 바 있다. 다시 말해 'digital(디지털화) → intelligent(지능화)', 'static(수동형) → dynamic(능동형, 활성화)', 'general(기성화, 그룹화) → personalized, individualized(개인화)' 등 3차 산업혁명 때의 키워드가 4차 산업혁명의 핵심 키워드로 변모하고 있는 것이다.

표 8.1 4차 산업 혁명시대의 유망 직업 분야

직종	역할
AI 전문가	딥러닝(deep learning) 등의 지능을 가진 컴퓨터로 지능형 정보처리 시스템을 연구·개발한다.
3D 프린터 소재 및 설계 전문가	플라스틱, 종이, 유리, 금속, 목재, 시멘트 등 생활 속 제품과 더불어 바이오 분야 재료(뼈, 장기, 피부) 등 다양한 소재를 가공·제작하고, 기계·설비를 연구·개발한다.
핀테크 전문가	IT 기술과 금융을 융합한 금융 서비스를 기획하거나 시스템을 구축하며 데이터 분석(운영, 해킹 보안, 알고리즘 개발 등)을 수행한다.
빅데이터 전문가	빅데이터를 수집·저장하거나 대용량의 데이터를 처리하는 시스템의 개발·수집·분석·결과 등을 제공한다.
IOT 개발자	유무선 통신·전기전자·컴퓨터 및 제어 계측 기반으로 IOT 기술과 시스템을 개발한다.
IOT 보안전문가	IOT 장비 및 시스템의 해킹을 사전에 예방한다.
로봇 전문가	로봇 제어 시스템, 로봇 구성요소를 연구·개발하거나 센서와 부품들의 인터페이스를 알고리즘과 프로그램으로 설계한다.
드론 전문가	방제, 측량조사, 촬영, 수색구조, 배송 등과 관련한 조종, 제작, 교육 등의 활동을 하거나 운영한다.
자율주행자동차 전문가	첨단기술의 결합체이자 전·후방 산업에 핵심 역할을 하는 레이더기술·초음파기술·카메라기술 등 각종 인지 센서를 활용한 기술·판단·제어를 구축한다.
가상·증강현실 전문가	3차원의 가상현실 시스템 개발 및 가상을 넘어 증강현실 알고리즘을 개발·응용한다.
바이오헬스케어 전문가	차세대 유전자 분석 칩, 체내 이식형 바이오센서, 유전자 교정 세포 3D 프린팅, 퍼스널 노화 속도계, 지능형 환자 맞춤 약, 운동 효과 바이오닉스 등의 분야를 연구·개발한다.
주거 복지사	스스로 주거 문제를 해결하지 못하는 계층을 대상으로 주거환경 개선 등에 관한 상담·정보·문제 해결을 지원한다.
민간 조사원	의뢰자를 위한 각종 위법 행위나 사고의 피해를 확인하고 원인, 책임조사, 행방불명자 및 분식 자산의 소재 파악, 소송 증거 수집 등을 수행한다.
노년 플래너	노년기 삶을 행복하고 건강하게 보낼 수 있도록 건강, 일, 자산 관리, 정서적·심리적 상담, 자살 예방, 죽음 관리, 사후 관리 등 노후 생활 전반에 대해 설계한다.

한 전문가는 10년 후 현재에 없는 일자리가 무려 65 %가량 창출된다고 말한다. 그렇다면 4차 산업혁명 시대는 어떤 직업이 유망할까? 그 전에 먼저 우리의 적성, 능력과 관심 및 흥미가 무엇인지 스스로 파악하고 무엇을 잘할 수 있는지 준비해야 한다. 이전에는 임금수준, 고용 안정성, 발전 가능성, 근무 여건 등을 직업 기준으로 평가했다면, 4차 산업혁명 시대는 1인 창업 기업 같

은 새로운 고용과 근무 형태가 증대될 것이고 직업의 형태도 현재와는 사뭇 다르게 다양한 직종이 생겨날 것이라고 이미 언급한 바 있다. 다음 표 8.1은 4차 산업 혁명시대의 유망 직업 분야에 대해 나타내고 있다.

따라서 현재 우리의 상황을 빨리 파악하고 대응한다면, 난관에 봉착하지 않고 더 좋은 결과가 있을 것이다.

예를 들어, 어떤 물건을 살펴볼 때, '물건에 이런 기능이 있으면 좋을 텐데…'라고 생각했던 적이 한 번쯤은 있었을 것이다. 단순히 사소한 것이라도 나만의 호기심 등을 메모해 두고 스스로 고민하는 시간을 가졌으면 한다. 글을 쓰다가 수정할 때 지우개를 찾아서 지워야 하는 불편함을 없애기 위해 지우개가 달린 연필을 만들었다. 나아가 연필을 깎지 않고 계속해서 사용하고자 하는 생각에 샤프펜슬이 등장하였다(연필 → 지우개, 연필 → 샤프펜슬). 이처럼 발명품은 우주선, 자동차, 컴퓨터처럼 복잡하고 어려운 것이 아니라 생활 속에서 편리하게 해주는 손톱깎이, 우산 같은 것도 포함된다. 우리 주변에 이러한 발명품들이 없었다면 얼마나 불편했을지 한 번쯤 생각해 보기 바란다. 즉, 발명품은 우리 생활 속 주변의 작은 것에서부터 시작되니 본 장을 잘 이해하여 참신하고 차별화된 아이디어를 통해 제품화할 수 있는 생각을 해보면 좋을 것이다.

8.1 4차 산업혁명 안에서의 화학 소재

8.1.1 전자섬유

과거의 전자섬유는 입을 수 있는 컴퓨터(wearable computer)의 구현을 위해 만든 섬유로 환경 대응 또는 자기 감응의 기능을 갖는 섬유를 의미했다. 유의어로는 스마트 의류, 디지털 가먼트, 디지털 의류, 인텔리전트 웨어, 일렉트로 텍스타일 등 여러 용어로 불렸다. 하지만 과거에는 전자회로와 센서를 의복 안에 내장시키는 방식이어서 착용자에게 의복의 유연함, 착용감, 편안함 등을 주기 어렵다는 문제가 있었다. 이러한 문제를 해결하기 위해 현재는 IT 기술과 융·복합하여 전도성 실(섬유)을 의복에 내장시키는 방식으로 전자섬유를 지칭하고 있다. 전자섬유 형태의

표 8.2 전자섬유의 발전

수동형 전자섬유	센서 기반 환경에 대한 감지
능동형 전자섬유	액추에이터·센서 통합 기반 환경에 대한 감지 후 반응
활성 전자섬유	환경에 대한 감지·반응 후 스스로 적응

전기적·열적 특성 외에도 섬유가 갖는 유연성으로 인한 복잡한 구조 구현이 가능한 이점과 신축성, 구김 복원성 등이 우수하여 부품·제품, 금속 및 세라믹 필름 시트와 비교하여 전기나 광 신호를 쉽게 전달할 수 있다. 전자섬유의 발전은 크게 세 단계로 구분할 수 있다.

| 전자섬유의 사례

Fit 셔츠 제품의 경우, 심전도, 체온, 운동량, 동작 등을 실시간으로 확인할 수 있는 기능으로 인해 의료용으로 적용되고 있다. 또 다른 제품의 경우에는 셔츠에 3개의 심장 센서를 부착했음에도 불구하고 착용감이 좋고, 우수한 심박 수 측정 기능을 제공하였다. 또한 LED(light-emitting diode)를 부착한 패션쇼의 드레스도 전자섬유의 속한다.

스마트 셔츠 운동복은 옷에 부착된 센서가 운동 중인 착용자의 근육 활동량 및 피로도 등을 측정하여 스마트폰 앱으로 전송한다. 전송된 데이터는 처리 및 관리되어 효율적인 운동 방향을 설정할 수 있도록 도와준다. 스마트 양말은 발밑에 압력 감지센서가 있어 착용자의 걸음걸이와 보행 습관 등을 감지하여 스마트 앱을 통해 실시간으로 올바른 보행을 지도한다. 스마트 영유아 실시간 모니터링의 경우 아기의 발에 양말을 착용하여 아기의 심박 수, 혈중산소농도 등을 측정하여 만약 정상 범위가 초과하거나 이상이 발생하면 즉시 알림 기능을 작동하여 부모가 실시간으로 스마트폰 앱을 통해 정보 확인할 수 있도록 한다. 국내에도 다음의 표 8.3처럼 스마트 분야에 적용되는 의류 개발 사례가 있다.

표 8.3 국내 스마트 의류 분야 적용 사례

분야	사례
발열 및 온도조절	의류 내 발열 텍스타일 등이 내장되어 있어 내부의 온도 및 습도를 제어한다. 스마트폰으로도 앱을 활용하여 블루투스로 온·습도 조절이 가능하다.
헬스케어	벨트에 있는 센서가 착용자의 보행 수, 허리둘레, 과식 여부, 활동 시간 등을 측정한다. 스마트폰으로 맞춤형 메시지를 전송하거나, 착용자의 생활습관 및 건강상태 모니터링할 수 있다.
스포츠	깔창에 내장된 압력 센서가 착용자의 스윙 등 동작을 감지하거나 체중 정보를 분석한다. 스마트폰 앱을 통해 실시간으로 자세를 교정하고 피드백할 수 있다.

이 밖에 대화형 섬유기술을 적용한 재킷의 경우 소매 원단을 쓸어 넘기거나 두드리는 동작으로 전화 수신과 음악 등 스마트폰의 기능을 제어할 수 있다. 스마트 워치의 경우 음성 명령을 통해 신발에 내장된 모터가 인식하여 자동으로 신발 끈을 조절할 수 있는 제품도 개발되었다. 미국 MLB에서는 투수의 팔꿈치 부상 방지를 위해 팔꿈치에 가해지는 응력을 측정할 수 있는 의류를 실제 경기 중에 착용할 수 있도록 허가하였고, 산모와 태아 보호를 위한 웨어러블 모니터

등의 제품도 있다. 유아·어린이용 외에도 애완동물용으로 반려동물의 위치 및 건강 추적기 등이 있고, 목줄에 GPS 칩을 탑재하여 실시간 위치 추적 및 움직임이나 수면, 활동량, 짖는 빈도 등을 분석하여 반려동물의 건강상태를 확인할 수 있다.

| 전자섬유의 소재 및 응용분야

그렇다면 위의 사례에는 어떤 소재가 적용될까? 바로 전도성 고분자 및 섬유 소재로서 이들의 종류와 특성 및 응용분야는 표 8.4와 표 8.5에 정리하여 나타내었다.

표 8.4 전도성 고분자의 종류

전도성 고분자	구조	전도도(S/cm) (conductivity)
Poly(acetylene) (폴리아세틸렌, PA)	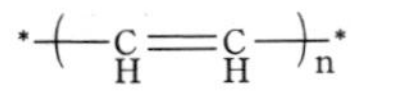	500
Poly(p-phenylene) (폴리파라-페닐렌, PPP)		500
Poly(p-phenylenesulfide) (폴리파라-페닐렌설파이드, PPS)	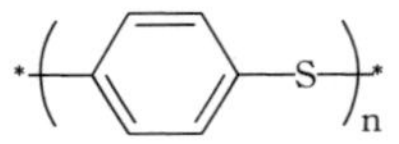	1
Poly(p-phenylenevinylene) (폴리파라-페닐렌비닐렌, PPV)	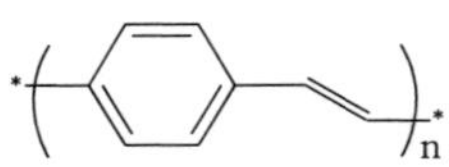	100
Poly(aniline) (폴리아닐린, PANi)	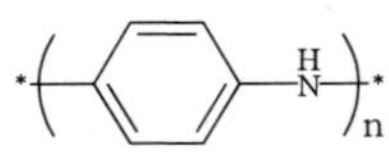	10
Poly(pyrrole) (폴리피롤, PPy)	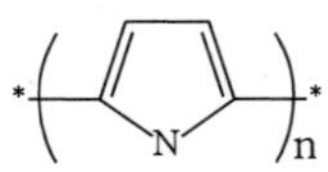	600
Poly(furan) (폴리퓨란, PFu)	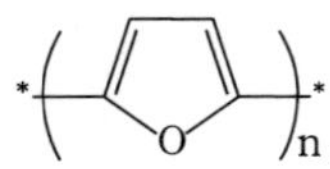	100
Poly(thiophene) (폴리싸이오펜, PTh)	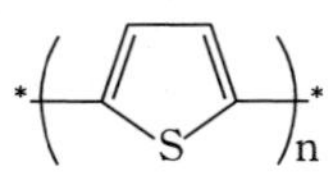	100
Poly(isothianaphthene) (폴리아이소싸이안나프테인, PITN)	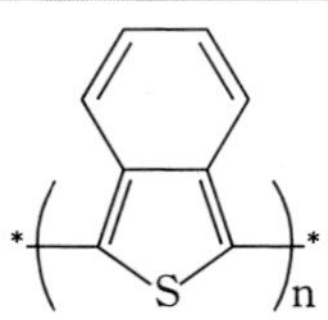	50

표 8.5 전도성 섬유의 종류 및 특징

전기저항 수준	제품	주용도	응용분야
높음	방진복	먼지 오염방지, 계측 불량 방지	정밀기기, 반도체, 전자공업
	필터	분진폭발 방지	환경, 화학, 식품
	일반의류	정전기, 불쾌감 방지	패션의류
	제전 장갑	인화폭발 방지	플라스틱, 합성섬유 고무 제품 등의 제조·가공
	자동차용 내장재, 시트, 카펫	먼지오염 방지, 소음방지	자동차, 병원, 호텔
보통	방폭형 작업복	인화폭발장치	섬유, 석유화학, 가스
	제전 장치	제전에 의한 공정 개선, 오염 cleaning	섬유, 제지, 플라스틱
	도전작업복	정전기유도 장해방지	전기공사, 전력회사
	제전 포장재	정전기 방지	반도체, 전자공업
	제전 rope	인화폭발방지	석유정제
낮음	전자파 차폐재	전자파 차폐에 의한 인체 보호	방송국, 전자기기, 정밀기기
	기능성 의류(포켓, 유방암 방지 Bra)	전자파 차폐에 의한 인체 보호	패션의류, 보건
	면상발열체(전기장판, 보호의류, 도로 융설 장치)	발열	패션의류, 보건, 건축
	발열체	보온, 동결 방지	히터, 보온의류
	레이다, 적외선 감지 차폐시설물	스텔스 전투기, 군함	국방

또한 상기 전도성 고분자 외에도 전도성 섬유로 개발 가능한 여러 재료를 적용하기 위해 연구가 진행되고 있다. 구리(Cu)를 비롯해 은(Ag)이나 탄소계 소재(흑연(graphite), 그래핀, 탄소나노튜브 등) 등이 활용되고 있다. 이들을 활용한 전자섬유 제품의 기술개발은 다음과 같이 다양한 방법이 있다.

1. 구리, 은, 탄소계 소재 등을 섬유 혹은 직물에 도금하는 방법
2. 재료 자체로 직물을 제조하는 방법(복합구조, 직·편물, braid 구조 등)
3. 전도성 잉크에 직접 담가서(침지법) 제조하는 방법
4. 자수로 박는 방법
5. 재봉틀 방법

한편 전자섬유가 적용된 웨어러블 제품의 발전방향은 이전의 시계, 목걸이, 선글라스 등 액세서리 형태에서 직물이나 의류 및 IT와 융복합된 일체형 연성회로기판(Flexible Printed Circuit Board, FPCB) 등으로 진화되었다. 이후 피부에 붙이는 패치(patch) 형태의 신체 부착형을 비롯해 앞으로는 망막 삽입이나 치아의 임플란트 및 피부 안으로의 이식 등 생체이식 방식으로 발전될 것으로 예상되기 때문에 유전공학, 바이오로직스, 생명공학 등의 학문과의 융·복합이 진행되어야 할 것이다.

표 8.6 웨어러블 제품의 발전방향

구분	내용
액세서리형	• 시계, 목걸이와 같은 착용형 장치 • 초소형, 저전력 시스템 • 인체공학적인 디자인으로 착용감의 한계를 극복
직물·의류 일체형	• 직물에 일체화된 장치 • 유연한 직물 회로보드 사용 • 의복 및 생활 섬유제품과의 일체화
신체 부착형	• 피부 부착형 장치 • 유연한 고분자 회로보드 사용 • 피부와 일체화
생체이식형	• 생체에 전자장치를 이식 • 생체 친화적 회로보드 사용 • 생체와 일치화

여기서 연성회로기판(FPCB) 위에 고분자 플라스틱 소재가 사용되는데, 현재 연성기판 중에서는 PET(polyethylene terephthalate), PEN(polyethylene naphthalate), PES(polyethersulfone), PI(polyimide) 등과 같은 플라스틱 소재가 가공의 용이성, 경량화, 인쇄공정과 같은 차세대 반도체 공정과의 적합성으로 인해 가장 널리 사용되고 있다(표 8.7). 연성회로기판에 적용하기 위해 고분자가 갖는 다양한 물성 중 유리 전이온도(glass transition temperature, Tg), 열팽창계수(coefficient of thermal expansion, CTE) 및 투과율 등이 중요 요소로 손꼽힌다. 먼저 유리 전이온도란 고분자 소재의 분자구조는 결정과 비결정영역이 혼재해 있는데, 이중 비결정영역이 외부의 온도에 의해 특정 온도에서 움직이는 지점이라 할 수 있다. 열팽창계수는 온도가 1 ℃ 올라갈 때 고분자가 얼마나 팽창하는지에 대한 정보를 알려준다. 단위 부피당 온도에 따른 부피의 팽창률로 정의되며, 길이 팽창계수, 면적 팽창계수 및 부피 팽창계수 등을 간단하게 추산할 수 있다.

표 8.7 연성기판 플라스틱 소재

구분	2014	2015	2016	2017	2018
유리 전이온도(℃)	78	120	223	340	620
열팽창계수(ppm/℃)	15	13	54	50	5
투과율(%)	91	87	88	30	90

한편 섬유 자체가 기판(substrate)이 되어 FLED(flexible light emitting display) 스크린과 전자 종이에 적용되는 사례도 있다. 이러한 FLED의 경우 기존 LED 시장에서도 후속 진입이 가능할 것으로 보이며, 나아가 특유의 유연성과 휨, 무게감소 등이 요구되는 대형 전광판 분야에도 적용될 수 있을 것으로 예상한다.

전도성 잉크

전도성 잉크는 주로 안료(전도성 고분자), 바인더(바인더 및 용매)와 잉크용 첨가제로 구성된다. 여기에 전도성 고분자는 가볍고 가공이 쉬운 장점을 유지하며 전기가 통하는 것으로 정의된다. 최초 개발된 전도성 고분자는 폴리아세틸렌(polyacetylene, $H(C\equiv C)_nH$)이다. 그 자체만으로 반도체의 성질을 나타내지만, 요오드 처리를 통해 금속에 준하는 전기전도성을 가짐과 동시에 유연하고 가벼워져 광범위한 범위에 적용되고 있다. 전도성 잉크는 [그림 8.2]와 같이 섬유에 전도성 고분자(PEDOT:PSS) 잉크를 도포한 뒤, 열처리를 통해 외부의 수분 및 이물질을 차단한다. 그다음 양 끝에 시스템과의 원활한 연결을 위한 은, 알루미늄, 구리와 같은 금속배선을 삽입하고 최종적으로 코팅층, 즉 피복(절연체)을 씌워 제작할 수 있다.

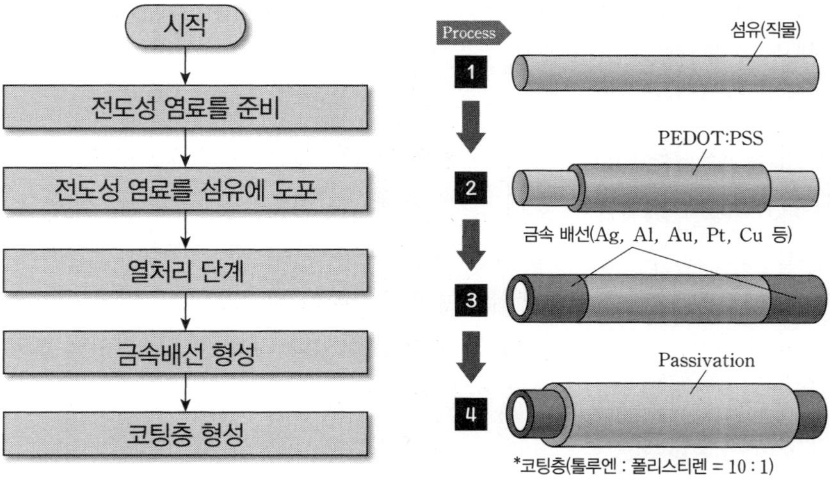

그림 8.2 전도성 잉크의 제작 공정

전도성 고분자 물질의 온도특성을 이용하는 온도 감응형 섬유는 전도성 고분자 잉크를 도포(침염(Dipping) 또는 날염(Rolling))하여 온도센서 기술을 부여하였다. 즉, 온도에 따라 섬유 직물의 저항이 변화되는 센서를 선보였으며, [그림 8.3]은 섬유형 온도센서의 구조를 보여주고 있다.

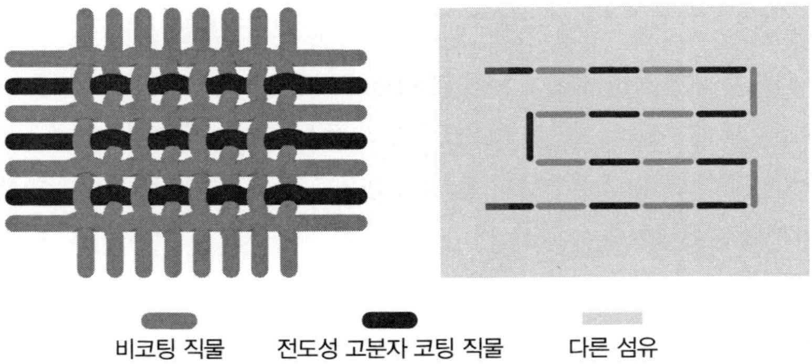

그림 8.3 섬유형 온도센서의 구조 [출처: 구미전자정보기술원(CERI)]

이러한 전도성 잉크의 요구물성은 다음과 같다.

■ 전도성 잉크의 요구물성

- 굴곡 저항: 금속과 차별화된 유연성(구부림, 휨, 늘어남 등)
- 점착성: 도포된 잉크가 쉽게 이탈되지 못하도록 설계
- 저항: 저항이 낮은(전도성 높음) 잉크는 동일한 막 두께로 인쇄 시 편리
- 입자 크기 및 분포: 전도성 입자의 크기가 작을수록 바인더와 입자의 분포 상태가 양호
- 건조 조건: 전도성 잉크의 완전 경화에 필요한 짧은 건조 시간 및 낮은 건조 온도 조건으로 인한 생산성 제고

전자섬유의 시장전망은 다음과 같다. 우선 원사업체에서는 은(Ag), 구리(Cu), 알루미늄(Al) 등을 이용하여 전도사를 제작하고, 제 편직업체에서는 전도사를 이용하여 직 편물을 제작한다. IT 및 모듈 업체 등에서는 전도성 직물로 전자섬유 모듈을 연구하거나 개발하고 이렇게 개발된 전자섬유는 다양한 분야와 융복합하여 의료, 서비스산업, 스포츠 아웃도어산업, 헬스케어 분야, 의류 패션산업, 안전복지산업 등에 적용할 수 있다. 직물에 IT를 입히는 흔히 ICT 섬유야말로 차세대 의류소재로 급부상할 수 있을 것으로 예상한다.

8.1.2 스마트 섬유

최근 기상이변에 따른 폭염으로 취약계층의 탈수현상이 심각한 사회문제로 대두되고 있다. 이와 관련하여 ICT 섬유 관련 기술인 스마트 섬유에 대해 알아보고자 한다. 먼저 스마트 섬유는 가볍고 열이 발산되어야 한다. 또한 유연성과 안정성이 확보된 상태에서 배터리 성능이 유지되어야 하며, 전자파 차폐 외에도 무선 제어 기능을 두루 갖추고 있어야 한다.

몇몇 사례를 들면 수분 안정성, 생체 적합성 및 95 % 이상의 높은 재현성과 정확성을 갖는 웨어러블 땀 센서가 있다. 단일 가닥의 고분자 섬유를 기반으로 한 웨어러블 땀 센서는 땀의 이온 농도를 실시간 측정하는 기기로 탈수 여부를 실시간으로 확인할 수 있어 노인, 어린이, 야외 근로자 등 탈수 민감도가 낮은 폭염 취약계층에게 큰 도움을 줄 수 있다. 또한 수화 등의 손의 동작을 인식하는 스마트 장갑(smart glove)에 대한 연구와 상용화도 많은 주목을 받고 있다. 손가락의 동작(motion)이나 손의 움직임으로 문자를 입력하고, 전자기기를 작동하는 등의 작업을 수행할 수 있다.

한편 아기의 기저귀에 흡수된 수분량을 측정하여 부모의 스마트폰으로 정보를 전송하거나 확인할 수 있는 스마트 아기 기저귀를 개발한 사례도 있다. 유명 스포츠 브랜드에서는 운동이나 산책할 때 스마트 섬유를 이용한 운동복이나 운동화를 착용함으로써 심박 수 및 피로도와 신체 균형 등을 측정하고, 관련 정보를 착용자에게 제공하는 제품도 있으며, [그림 8.4]와 같이 필름형 전극소재와 심장박동 센서로 만들어진 임산부용 스마트 섬유도 있다. 이 임산부용 스마트 섬유는 태아의 심박 수를 확인할 수 있을 뿐 아니라 외부의 전자파가 태아에게 미치지 않도록 차단하는 전자파 차폐 기능이 있다.

스마트 섬유는 편리함 뿐만 아니라 안전함도 중요한 요소이다. 예를 들어 스마트 섬유를 이용한 소방복으로 화재를 진압할 때 투입대원과 현장지휘부 간의 소통역할을 원활하게 할 수도 있고, 대원의 소재(정보, 위치) 파악, 소방복 내 가스와 온도 센서로 건강상태 측정 등의 작업을 수행할 수도 있다. 이처럼 생활 속에서 스마트 섬유는 우리에게 많은 정보와 편의성 및 안전함을 제공해 준다.

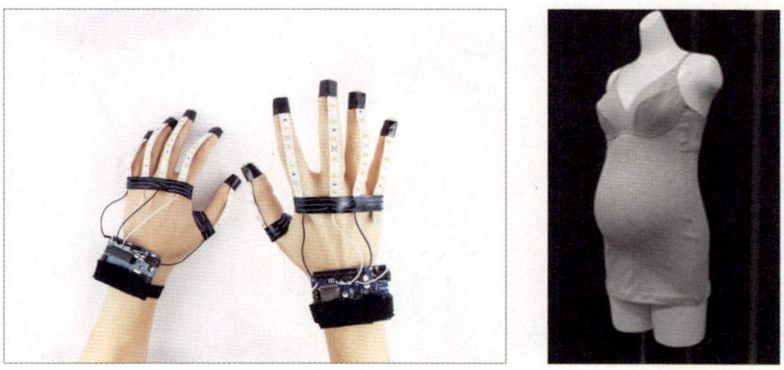

그림 8.4 스마트 장갑(좌)과 임산부용 스마트 섬유(우) [출처: ©Monstar Studio/Shutterstock]

| 스마트 섬유의 제조 기술

스마트 섬유에 적용될 수 있는 다양한 섬유제조 기술에 대해 자세히 살펴보자. 자수, 재봉을 비롯해 재직, 부직포, 편직, 방적, 날염, 화학처리 등 다양한 방법들이 있다. 그중 몇 가지 방법에 대해 알아보자.

재봉(sewing)은 바늘과 실을 연속적으로 작업(바느질)하여 옷감을 만드는 것이다. 제직(weaving)은 직물을 조작하는 것이라 하여 직조라고도 한다. 직조기를 이용하여 날실(warp yarn, 경사, 세로방향)과 씨실(weft yarn, 위사, 가로방향)을 짜내어 원단을 만든다(그림 8.5).

그림 8.5 과거(좌)와 현대(우)의 직조 [출처: ©Botond Horvath, Vintagepix/Shutterstock]

부직포는 니들펀칭(needle punching), 스펀본드(spunbond), 스펀레이스(spunlace), 습식부직포(wet laid) 등 다양한 부직포 제조 공정을 이용한다. 섬유를 활용하되 통상적인 섬유제조 기술을 사용하지 않으며 또한 섬유가 방향성이 없고 얽혀있는 펠트 형태로 제조되어 non-woven fabric으로 명명된다. 편직은 실로 뜨개질하여 천을 만든 것으로 쉽게 이해할 수 있으며, 일반 실의 형태가 아닌 루프(loop) 형태로 되어 있는 직물을 의미한다. 방적은 섬유장이 짧은 단섬유를 이용하는 것으로 staple fiber라고도 한다. 궁극적으로는 짧은 실을 활용하여 방적 과정을 거쳐 적당한 굵기의 장섬유로 만드는 작업이다. 브레이드(braid)는 7장에서 언급한 바 있다.

그림 8.6 편직(좌)과 자수처리(우) [출처: ©Slavikbig, gabriel12/Shutterstock]

자수(cross stitch)는 열십자(+) 형태로 가로와 세로를 일정하고 규칙적으로 수놓은 전통 수공예 방법을 생각하면 이해가 쉬울 것이다.

날염(textile printing)은 실이나 원단, 특히 원단에 원하는 무늬를 발현시키는 기술이다. 나염이라고도 하며, 방식에 따라 직접날염, 방염날염, 발열날염이 있다. 염·안료 등을 활용하여 원단에 착색한 후 베이킹(baking) 또는 큐어링(curing)을 통해 원단과의 결합력을 증진시켜 무늬를 발현하는 원리이다. 하지만 회로 교차나 절연 문제, 유연성 등의 문제가 발생할 수 있기 때문에 그 해결책으로 고립시키는 방법인 덧댐과 자카드(jacquard: 직물에 다양한 무늬를 넣는 방법) 직조 방법을 사용하거나 카우칭(couching: 작은 바늘로 여러 차례 박는 기술)을 활용하여 해결할 수 있다.

나아가 솔더링(납땜), 본딩, 리본 커텍터, 플랫 케이블, 재봉, 자수, 스냅 단추, 지퍼 등 연결 기술을 활용한 방법이 있다. 이런 다양한 방법이 적용된 예로는 직물 전극 심박 수, 직물형 안테나 RFID 라벨, 직물 온도 센서 열 패널, 직물 pH 습도 센서, 직물 커패시터/저 압저항 센서 트랜지스터, 직물 터치패드 스위치, 발광직물 등이 있다.

통신기술로는 직물형 USB 케이블, 무선직물 inductor 및 인체 통신망 방식 등이 있다. 여기서 무선 인체 통신망(Wireless Body Area Network, WBAN) 방식은 인체 내에 이식된 의료 장치 또는 사람이 착용하는 옷이나 인체에 부착된 다양한 장치 간의 상호연결을 가능하게 해주는 것이다. 직물 부품의 예를 들면 빛, 열, 소리 등을 감지하고 그 정보(signal)를 전달하는 쌍방향 소통이 가능한 다기능성 섬유 등이 연구되고 있다.

스마트 섬유 시장

2016년 기준 웨어러블 기기 중 스마트 워치와 스마트 밴드 품목의 점유율이 약 95.7 %로 대부분 차지하였다. 반면 스마트 의류는 1.2 %(판매량 1.3백만 대)인 반면, 2021년에는 9.4 %(22.3백

표 8.8 웨어러블 기기의 시장전망

품목	2016년		2021년		연평균성장률 (2016~2021)
	판매량	점유율	판매량	점유율	
스마트워치	49.2	48.1	152.0	64.0	25.3
스마트밴드	48.7	47.6	57.5	24.2	3.4
스마트의류	1.3	1.2	22.3	9.4	76.6
이어폰	0.7	0.7	4.2	1.8	43.1
기타	2.4	2.4	1.5	0.6	-9.0
합계	102.4	100	237.5	100	18.3

만 대)로 연평균성장률이 76.6 %에 달하기 때문에 향후 스마트 의류가 꾸준히 성장할 것으로 전망된다.

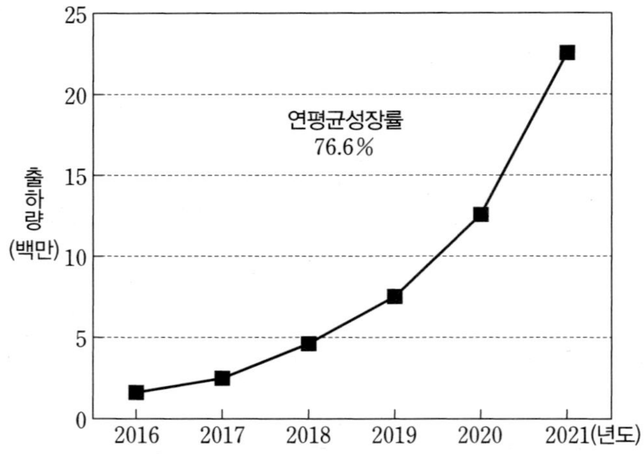

그림 8.7 웨어러블 기기의 시장전망 [출처: 한국화학섬유협회]

전도성 원사의 경우 ICT 융합 섬유의 중간재로 적용되는데, 국내기술로는 다음과 같은 소재들이 사용되고 있다. 은 나일론 복합 전도사, 나노 전도사, 신호전달용 구리 전도사, 광섬유 원단 등이 있다. 또한 완제품으로는 발열 의류, 발열 셔츠, 피트니스 의류, 스마트 소방복, 자세 교정용 스마트 신발 매트, 음성인식 넥밴드 백팩 등이 있다. 해외 제품의 경우 모기퇴치제 직물(anti-mosquito fabric)이 있는데, 100회 세탁 후에도 모기기피 성능이 약 94 % 유지 된다고 한다. 소재로는 폴리에스터와 면직물이 50:50으로 구성되었다.

이번에는 국내 ICT 스마트섬유제품 아이디어 공모전에 당선된 작품들을 소개하고자 한다. 2017년에는 영유아 사두증 예방 교정 베개가 대상을 받았다. 베게 튜브에 체압 측정 장치를 내장시켜 튜브 간의 높낮이를 자동으로 조절하는 것이다. 이는 영유아 사두증 예방과 교정 두 가지 모두 우수한 효과를 줄 수 있다고 한다. 2018년에는 휴대용 스마트 심폐소생술 보조기기를 개발한 작품이 대상을 받았다. 심정지 등 응급상황 시 올바르고 발 빠르게 심폐소생술(cardio-pulmonary resuscitation, CPR)을 도와주는 휴대용 스마트 심폐소생술 보조기기이다. 이는 LED와 비프음 소리로 압박 강도 및 속도 정보를 얻을 수 있고, 119통화 연결 및 환자 상태와 위치 등의 정보를 병원으로 전달할 수 있는 것이 특징이었다. 2019년에는 졸음운전 예방 스마트 안전벨트가 대상을 받았다. 졸음 운전할 때의 심박 수 변화를 감지하여 운전자와 주변에 알림을 주어 사고를 방지하는 스마트 안전벨트이다. 안전벨트에 맥박수와 호흡을 측정할 수 있는 sleep 센서를 내장하였으며, MCU(micro computer unit)을 이용해 졸음 상태를 판단하여 자동차 카시트의 진동장치를 작동시키거나 자동차의 비상등을 작동할 수 있는 기능을 갖는 것이 특징이다. 2020년에는 안장통 완화와 주행 경험 최적화를 위한 스마트 안장이 대상을 받았다. 이처럼 생활 속에서 우리가 조금만 더 신경 쓰고 살펴보면 좋은 아이디어를 통해 많은 것들을 제품화할 수 있다. 이를 위해서는 주변에 불편한 것부터 혹은 사소한 것부터 관심을 가지는 습관이 필요하다.

표 8.9 ICT 스마트섬유제품 아이디어 공모전 당선작

년도	구분	수상작
2016	대상	Body Lighting
2017	대상	영유아 사두증 예방 교정베개
2018	대상	휴대용 스마트 심폐소생기 보조기기(부제: 골든 BPM)
	혁신 제품상	음성인식 LED 시그널 라이더 자켓
		안전한 자전거 라이딩을 위한 웨어러블 디바이스와 애플리케이션
2019	대상	졸음운전 예방 안전벨트
	혁신 제품상	NB-IoT를 이용한 올인원 스마트 낚시 모자
		온도 변화가 잦은 환절기 최적화 Outer
2020	대상	안장통 완화와 주행 경험 최적화를 위한 스마트 안장
	혁신 제품상	VR & AR Motion feedback Soft textile glove
		모니터링 및 무선 제어가 가능한 만성창상 치료밴드

[출처: 한국섬유수출입협회, Techtex]

나아가 산업폐기물의 수처리 소재 분야, 대면적 디스플레이 반도체 분야, 뇌 질환 증상을 완화시켜주는 의료 소재 분야, 페로브스카이트 태양전지의 소재 분야 등 '꿈의 신소재', '차세대 신소재'로 불리는 그래핀(graphene)에 대해 알아보자. 그래핀의 제조방법은 크게 기계적 박리법, 화학적 박리법, 화학증기증착법(Chemical Vapor Deposition, CVD) 및 유기합성법 등이 있다. 이 중에서 주로 사용되는 화학적 박리법에 대해 좀 더 자세히 알아보자.

[그림 8.8]의 경우 Graphite(흑연) 구조는 그래핀의 층간 거리가 0.4nm 수준으로 매우 얇게 적층되어 있다. 이때 적층된 그래핀을 분리시켜주는 공정이 바로 Oxidation(산화) 과정이다. 이 과정에서 산화 그래파이트(Graphite oxide)가 만들어지며, 이를 다시 Exfoliation(박리) 시켜주면 산화 그래핀 (Graphene oxide)이 제조된다. 마지막으로 Reduction(환원) 과정을 거치면 최종적으로 그래핀이 만들어진다. 이러한 2차원의 그래핀을 0차원으로 만들면 축구공 모양의 Fulleren(풀러렌)이, 1차원으로 만들면 carbon nanotube(탄소나노튜브 CNT)가, 다시금 적층시키게 되면 3차원의 그래파이트(흑연)구조가 만들어진다(그림 8.9). 0차원에서 3차원까지 구현 가능한 그래핀을 섬유화시키는 연구는 일부 학계에서 연구 중인 것으로 보도된 바 있지만 아

직 상용화시키기 위해서는 갈 길이 멀다. 만일 그래핀 섬유화 기술이 실현된다면 향후 스마트 섬유 응용분야에 핵심적인 소재로 주목받을 것으로 예상된다.

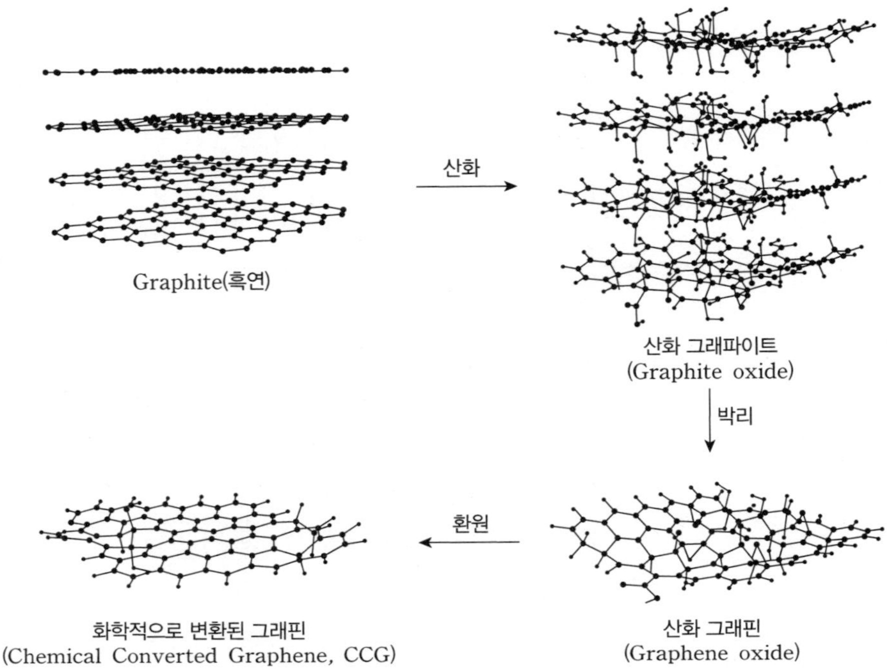

그림 8.8 화학적 박리법을 이용한 그래핀 제조

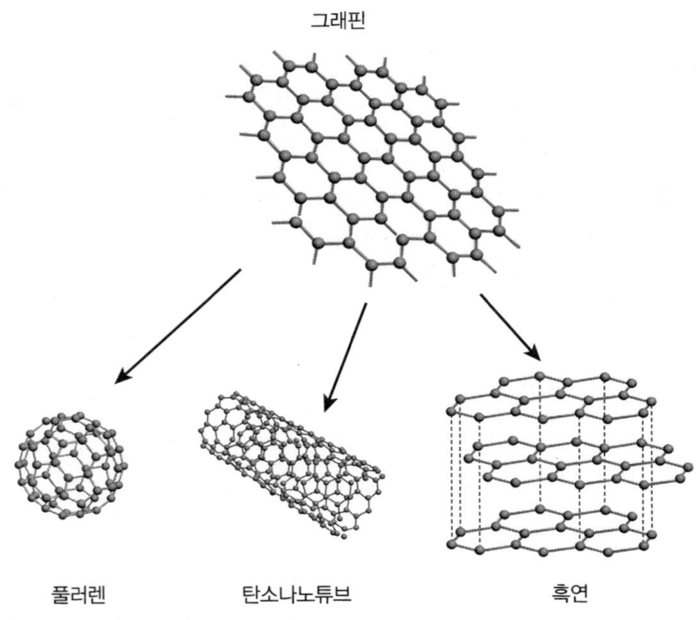

그림 8.9 그래핀의 응용 [출처: A. K. Geim, et al., Nature Materials, 2007]

8.2 4차 산업혁명 안에서의 화학 기술

우리 일상 속에 가까이 있는 사물인터넷(IOT)의 대표적인 예로는 스마트 시티, 스마트팜, 스마트 팩토리, 스마트 그리드, 스마트 헬스케어, 스마트 홈(전기·가스·난방·냉장고·TV 등) 등이 있다. 이 중 몇몇 사례에 대해 알아보고자 한다. 통상적으로 '스마트 ○○'이라는 명명은 일부 지능형 로봇기술이 합쳐지었을 때 붙이지만, 대부분은 사물인터넷 기능도 포함되어 있다고 할 수 있다.

8.2.1 스마트 시티

스마트 시티에 대한 정보가 매일 기사화되며, 스마트 시티에 대한 광고가 전 세계적으로 파급되고 있다. 가장 스마트한 도시가 되기 위해 전 세계 도시들과 정부부처들이 경쟁하고 있는 가운데, 문득 "그런데, 스마트 시티가 도대체 무엇인가?"라는 질문이 생길 것이다. 검색엔진에 '스마트 시티'를 검색하면 '다양한 유형의 전자적 데이터 수집 센서를 사용하여, 자산과 자원을 효율적으로 관리하는 데 필요한 정보를 제공하는 도시 지역(출처: 위키피디아)'이라고 정의하고 있다. 또 다른 온라인 사전에서는 '경제, 이동성, 환경, 사람, 생활, 행정 등 다양한 주요 분야에서 우수하여, 여러 지속 가능한 경제 발전과 높은 삶의 질을 창출하는 발전된 도시 지역'이라고 정의하고 있다. 이처럼 스마트 시티에 대한 정의는 광범위하기 때문에 보편적인 정의는 없다고 볼 수 있다.

| 스마트 시티의 필요성

세계적으로 각 도시들은 인구의 집중과 기반시설의 노화로 자원과 인프라 부족, 교통 혼잡, 에너지 부족 등 다양한 주거·생활편의 문제와 마주하고 있다. 이에 대한 해결책으로 각국에서는 4차 산업혁명에 맞춰 ICT 기술을 도시에 접목해 새로운 성장 동력으로 삼고자 하는 스마트 시티가 빠르게 유행하고 있다. 또한 성장 추세, 첨단 ICT의 발전, 증가하는 도시개발 수요를 바탕으로 경쟁적으로 스마트 시티 사업에 나서고 있다. 따라서 스마트 시티 및 관련 기술 분야는 향후 10년간 가장 빠른 성장이 예상되는 산업으로 큰 주목을 받고 있다.

서비스의 효율성부터 경제성장까지 여러 핵심 목표에도 불구하고, 성공적인 스마트 시티를 만들기 위해서는 전반적인 삶의 질을 향상시키는 중점에 맞춰 거주 적합성(Livability)이 가장 중요한 요인이 된다.

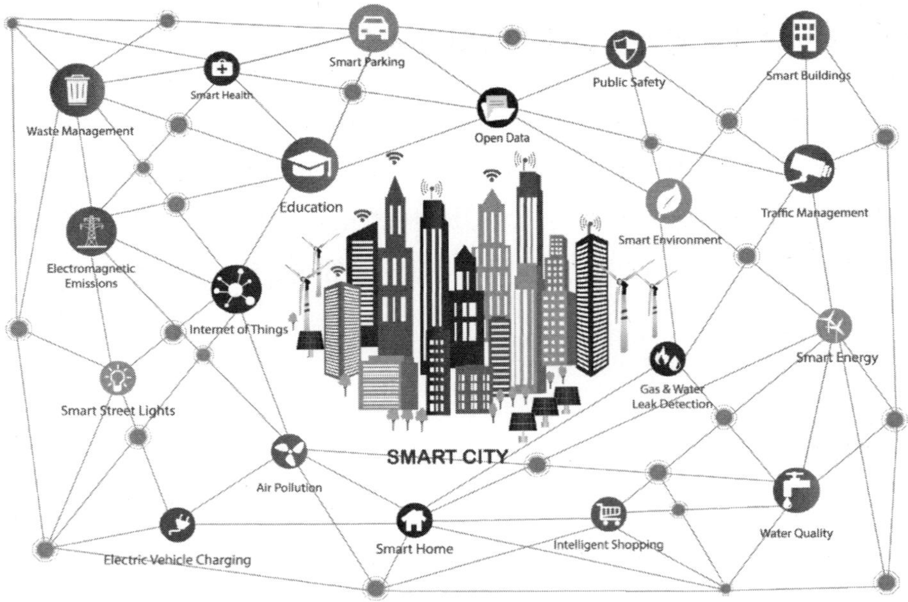

그림 8.10 스마트 시티의 개념도 [출처: ©monicaodo/Shuttetstock]

표 8.10 스마트 시티의 주요 목표

목표	내용
서비스의 효율성	공공 자원의 사용을 최적화하고 고품질의 시민 서비스를 제공한다.
지속 가능성	환경적 영향에 대한 깊이 있는 고려를 기반으로 도시 성장과 개발을 추진한다.
이동성	시민들의 이동 수단에 관계 없이 도시를 더욱 편하게 다닐 수 있도록 도움을 준다.
안전 및 보안성	일상생활 및 특별 행사에 있어 공공 안정 및 보완성을 향상한다.
경제 성장성	기업, 투자자, 시민, 방문객들의 수요가 증가하여 도시의 평판을 지속해서 향상시켜 도시의 경제를 성장시킨다.

스마트 시티는 IoT 센서, 연결성, 데이터라는 세 가지 공통적인 기술 기반으로 다양한 조합을 이루어 보다 살기 좋은 도시를 만들기 위한 새롭고 효율적인 방법을 제공하는 강력한 플랫폼을 갖추게 된다.

표 8.11 스마트 시티의 기술 기반

IoT 센서	모든 사물(장치)이 네트워크와 연결되어 실시간으로 정보를 주고받는다.
연결성	언제 어디서든 쉽게 유·무선 네트워크에 연결할 수 있다.
데이터	많은 양의 데이터를 실시간으로 주고받고, 과거의 데이터를 저장 및 분석하여 효율적으로 활용한다.

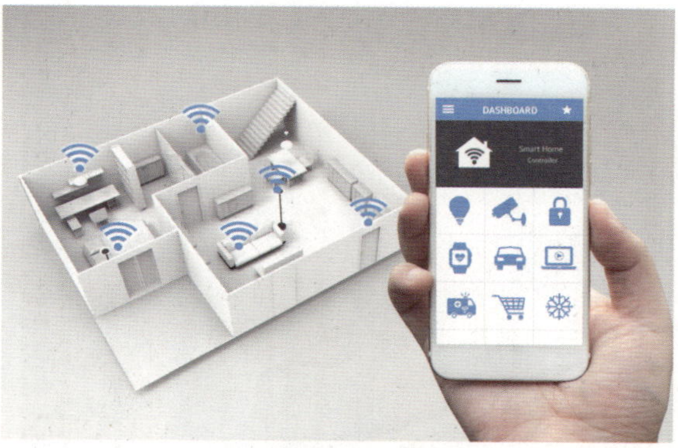

그림 8.11 IoT(사물인터넷)의 개념도 [출처: ©Zapp2Photo/Shutterstock]

| 스마트 시티의 활용 사례

스마트 시티의 대표적인 활용 사례에 대해 알아보자. 먼저 횡단보도 앞 점자블록 주변에 LED 전구판을 설치하여 도로의 안전상황을 보여주는 신호등이 있다. 이 신호등은 '스마트폰'과 '좀비'의 합성어인 스몸비족(스마트폰에서 눈을 떼지 않고 걷는 사람)의 안전과 보행사고를 예방하기 위해 등장하였으며, 기존의 보행 신호등과 같은 색의 LED 조명이 횡단보도의 바닥에 표시되는 원리가 적용되었다. 소재로는 횡단보도의 신호등과 연계된 LED를 이용하며 표면은 내구성이 좋은 섬유강화 플라스틱(FEC)을 이용하였다.

그림 8.12 대구에 설치된 스마트 바닥 신호등 [출처: 바른신호]

다음으로는 버스정류장 외부의 오염물질이 유입되는 것을 방지하고 내부에는 공기정화장치를 통해 공기 질을 개선하는 시스템이 있다. 이 시스템은 시민들이 버스를 기다리면서 미세먼지 등의 환경오염에 노출되어 건강에 악영향을 받는 것을 예방하기 위해 등장하였고, 기존의 단순 승객 대기 위주의 버스정류장의 개념에서 벗어나 오염물질로부터 시민들을 보호하기 위해 ICT를 활용하여 공공 WiFi, 안심벨, 에어필터 등 다양한 스마트 요소로 구성되었다.

그림 8.13 서울시 성동구의 스마트 클린 버스쉘터 [출처: Dwelling]

마지막으로는 우리 주변에서 쉽게 찾아볼 수 있는 에어커튼이 있다. 에어커튼은 공기의 힘을 이용하여 외부 공기와 내부 공기를 차단하여 공기 중의 오염물질과 해충의 출입을 차단하고 실내와 외부의 온도를 막아준다. 다음 [그림 8.14]와 같이 계절에 따른 외부의 바람(따뜻한 바람, 찬바람), 먼지, 해충, 이물질, 악취, 매연, 유해가스 등이 실내로 유입되는 것을 차단하여 실내의 공기 질을 쾌적하게 그리고 안전하게 해주는 역할을 한다.

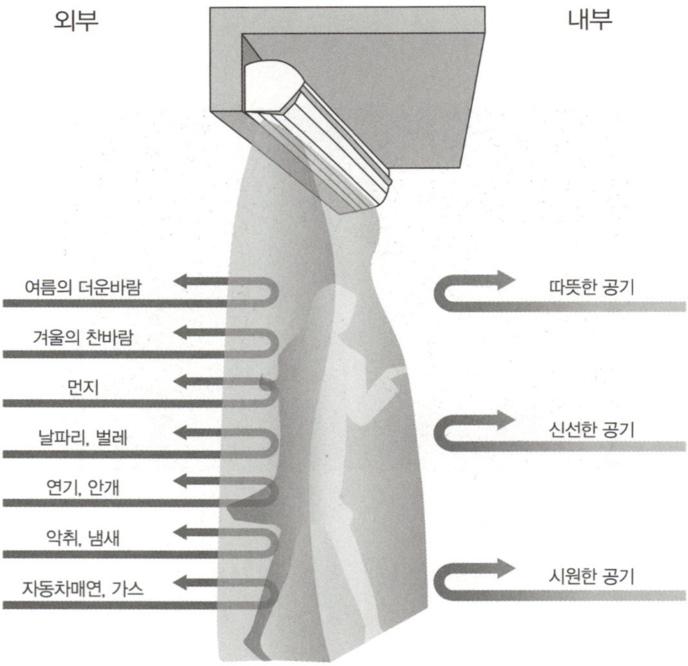

그림 8.14 에어커튼의 작동 원리

에어커튼의 종류, 특징, 용도는 다음의 표 8.12에 나타내었다.

표 8.12 에어커튼의 종류

종류	특징	용도
일반형 에어커튼	• 알루미늄 소재의 팬을 장착하여 소음감소 및 풍량이 강하며, 외부 물질의 차단 효과를 극대화했다. • 토출구의 날개를 움직여 풍향 조절이 가능하며, 출입문 센서와의 연동 설치가 편리해 연료 절감에 효과적이다.	급식시설, 매장 출입구 등
고급형 에어커튼	• 최초의 시로코 팬 방식을 사용하였고, 방수 처리된 PCB 기판을 사용하여 상부 그릴 방식의 깔끔한 디자인이 특징이다. • 조작이 편리하며 사용 환경에 맞게 풍속·풍향 등을 조절할 수 있다.	사무실, 대형매장 출입구 등
산업용 에어커튼	• 중대형 공간에 적합한 강력한 풍량이 특징이며, 트위스트 팬으로 바람 퍼짐 현상을 차단한다. • 스테인리스 소재로 산업 현장에서의 부식 문제를 해결하였고, 제어 패널 없이 간단한 리모컨 동작이 가능하다.	자동차, 반도체 기계 설비 환경 등
이온 플라스마 에어커튼	• 이온 클러스터에 의해 플라스마 이온 입자가 공기 중 오염물질과 이온 결합하여 세포활성화물질을 파괴한다. • 효과적인 살균 및 탈취 기능이 있으며, 미세먼지, 황사 등 오염물질 제거하는 공기청정효과가 특징이다.	병원, 보육시설 헬스장 등

그 밖에 스마트 시티 활용 사례는 다음의 표 8.13과 같이 쓰레기 문제와 주차 문제의 원만한 해결 및 건물 자동화와 보안 솔루션을 제공하여 우리에게 편리함과 안정한 생활을 보장해 준다.

표 8.13 스마트 시티의 활용 사례

쓰레기 관리	쓰레기통에 설치된 센서가 쓰레기의 양을 측정하여 수거 업체로 전달하고, 실제 필요 상황에 맞춰 쓰레기 수거 루트가 자동으로 최적화된다.
주차 솔루션	센서가 가용한 주차 공간을 지속 추적하여, 운전자에게 주차 가용 정보를 이동 동선에 따라 디지털 사인 또는 모바일 앱으로 표시해 준다. 또한 이 정보를 통해 최선의 주차 옵션을 간편하게 발견하고 이동할 수 있다.
빌딩 자동화 시스템	점유율 상황에 맞춰 난방 및 환기를 자동으로 실행하고, 실내에 아무도 없을 때 자동으로 조명을 소등하거나 불필요한 전력을 차단한다.
공공 안전 및 보안 솔루션	경찰과 초기 대응 기관들이 사건 및 응급상황에 효율적으로 대응하고 해결할 수 있도록 다양한 센서와 연결된 카메라가 지원한다.

스마트 시티의 자원을 보다 효율적으로 관리하기 위한 다양한 종류의 센서 중 특히 오디오는 스마트 시티에서 중요한 요소로 적용될 수 있다. 오디오는 카메라나 다른 IoT 센서를 대체할 수 있으며, 현대적인 커넥티드 오디오 시스템을 적용하여 고품질 음향으로 적시 적소에서

시민들의 안전이 보장될 수 있는 중요한 커뮤니케이션을 수행할 수 있다. 오디오 솔루션이 더 스마트하고 안전한 도시를 만드는 데 기여할 수 있는지 다음 표 8.14를 통해 세 가지 측면에서 확인해 보자.

표 8.14 스마트 시티의 오디오 솔루션

사운드 디텍션 (소리 감지)	과거 도시에서 일어나는 많은 보안 사건들은 공격적 행동과 고성, 총성, 유리창 깨지는 소리와 같은 종류의 소음이 선행되었다. 이를 바탕으로 현재의 솔루션은 미리 정의된 소리를 자동 감지하여 인식하고 잠재적 사건 및 실제 사건에 대한 경고를 보낼 수 있다.
비상시 안내 방송	매년 여러 도시에서 자연재해와 같은 비상 상황에 노출되는 사례가 발생한다. 이런 상황에서는 최대한 빨리 시민들에게 알리고 사람들의 안전을 유지하기 위해 가이드를 제공하는 것이 중요하다.
범죄 예방	도시를 안전하게 지킬 수 있는 충분한 자원을 갖추는 것은 전 세계 도시에서 흔히 볼 수 있는 도전 과제이다. 가장 효율적인 방법으로 도시를 모니터링하고 법 집행 자원을 관리하기 위해 많은 도시에서 오디오 솔루션을 이용한 감시 시스템을 갖추고 있다.

8.2.2 스마트 팜

스마트 팜은 비닐하우스나 축사 등에 ICT 기술을 적용하여 식물의 생장에 적절한 일조량, 온·습도, 이산화탄소 농도, 양분 등의 환경요소를 인공적으로 제어하는 밀폐형 재배시스템이다. 즉, 원격·자동으로 작물과 가축의 생육환경을 적정하게 유지 및 관리하는 농장이며, 미세먼지 등 오염물질이 없는 작물 재배가 가능한 시설로 정의된다. 이러한 스마트 팜은 PC나 스마트폰으로 실시간 원격 관리가 가능하기 때문에 직접 농장에 가지 않고서도 창문 개폐와 사료 공급과 같은 단순 업무를 쉽게 처리할 수 있는 이점이 있다. 또한 빅데이터 및 클라우드 기술 등 4차

그림 8.15 스마트 팜 [출처: ©Zapp2Photo/Shutterstock]

산업혁명 기술이 적용되어 데이터를 자동으로 수집할 수 있어서 농장 환경에 대한 정보를 실시간으로 관찰하고 분석할 수 있다. 궁극적으로 시·공간 제약 없이 농장 운영이 효율적으로 가능하다는 부분이 스마트 팜의 가장 큰 특징이라 볼 수 있다.

| 스마트 팜의 필요성

축원 및 시설원예 생산성 향상 및 노동집약적 생산방식에서 벗어날 수 있으므로 미래 농업의 청사진으로 큰 이목이 쏠리고 있다. 스마트 팜의 필요성은 다음의 이유로 인해 그 중요성이 더 증대되고 있다.

■ 스마트 팜의 필요성

- 농촌 인구의 고령화, 부녀화, 노동력 부족 현상
- 이상 기후현상에 따른 작물 재배 및 가축 사육환경의 변화
- FTA 체결 등 농업 여건의 변화
- 전통적 농축산업의 성장세 둔화, 새로운 성장 동력 및 경쟁력 확보 증대

■ 스마트 팜의 한계성

- 국산화: 초기 투자비 및 장비 관리의 부담, 재배 환경의 차이
- 표준화: 농가의 정보화 및 네트워크 구성의 취약, 관리 장비의 다양성
- 첨단화: 농업 인구의 고령화, 환경 변수의 다양화, 균일한 농산 품질
- 전문 인력 부족: 고령화 및 저출산, 농업 분야의 기피화, 농업 전문 교육 기관의 부재

한편, 스마트팜코리아 홈페이지(http://www.smartfarmkorea.net)를 통해 스마트 팜에 대한 정부지원 정책과 교육 및 우수사례 정보 등을 살펴볼 수 있다. 스마트 팜의 적용 분야로는 대부분 스마트 워터(시설원예), 스마트 축산(축사), 스마트 온실(시설원예), 스마트 과수원(과수) 등에 활용되고 있다.

| 스마트 워터

일반적으로 노지에서 채소를 재배하는 데 가장 큰 고민이 되는 요인은 바로 작물의 수분 관리(water management)이다. 최근 지구온난화로 인해 매년 지속되는 이상고온 현상과 작물 정식 및 생육기의 수분공급 지체 불량으로 재배관리가 난항을 겪고 있다. 이를 해결하기 위해 영양제 시비와 병해충 관리를 동시에 병행하고 있지만, 작물이 가장 필요로 하는 수분공급의 지체와 불량은 아직도 해결되지 않는 과제로 드러나고 있다. 대안으로 관수를 통한 인위적인 관개시

설도 있지만 한계가 있다. 최근 이러한 문제를 극복하기 위해 농업용 토양 보습제인 '스마트 워터'를 개발하여 상당한 호응을 얻고 있다.

| 스마트 축산

소, 양돈, 양계를 사육하는 축산업은 환경에 상당히 민감하기 때문에 내부 습도 관리(미스트 장치) 및 내부 환기 관리(암모니아 가스 농도에 따른 자동 환기 시스템) 등이 적용되고 있다. 또한 원하는 시간에 자동으로 사료량을 정해서 공급할 수 있는 장점이 있다. 오늘날 축산업은 타 분야보다 자본 축적도가 높기 때문에 스마트 시스템의 도입이 빠르게 진행되고 있다.

| 스마트 온실

식물공장으로 불리는 스마트 온실은 스마트 팜의 대표적인 사례이다. 햇빛, 물, 온도, 양분 등을 조절하여 작물에 최적의 생육환경을 제공하고, 생산성을 극대화 시킬 수 있는 자동화 시스템인 스마트 온실은 도심지에서도 직접 확인해 볼 수 있다. 서울 지하철 7호선 상도역 지하 1층에 있는 메트로팜(Metro Farm)이 대표적인 예이다. 메트로팜은 국내 최초의 지하철 스마트팜 복합공간이며, 실제 재배 시설과 카페, 체험, 교육시설 등을 경험할 수 있는 공간이기도 하다. 특히 대량생산 재배시설의 경우 유럽 품종의 채소를 하루 50 kg, 월 1톤 정도 생산할 수 있다고 한다.

그림 8.16 메트로팜(Metro Farm) [출처: FARM8]

| 스마트 과수원

통상적으로 과일의 성분은 80 % 이상이 수분으로 구성되어 있다. 즉, 과수원에서는 일조량 및 물 관리를 잘해야만 당도가 높은 과일이 재배되어 우리가 맛있는 과일을 먹을 수 있다. 이상기후와 같은 자연에 일일이 사람이 대응하기란 쉽지 않다. 하지만 스마트 과수원은 기상 상황을 실시간으로 확인하여 원격으로 물 공급을 하여 사람의 불편함을 해소시켜주고 있다. 또한 토양의 상태 및 병해충도 원격으로 관리할 수 있어 과거 매번 사람이 손길이 필요했던 때보다 훨씬 수월해졌다고 볼 수 있다.

8.2.3 스마트 팩토리

스마트 팩토리란 설계 개발, 제조, 유통 등 생산 공정에 디지털 자동화가 결합된 ICT 기술을 적용하여 생산성과 품질 및 고객의 요구에 적합한 제품을 만드는 것이다. 생산 공장 내 기계·설비에 IoT 시스템을 구축하여 생산 공정의 데이터를 실시간으로 모니터링하고 분석한 뒤, 스스로 자동 제어까지 가능한 미래형 공장으로 정의된다. 즉, 제품의 기획·개발부터 양산·판매까지 제조 관련의 생산 과정을 ICT 기술로 통합하여 최소 비용과 시간으로 고객 맞춤형 제품(customized product)을 생산하는 첨단 지능형 생산 공장을 일컫는다.

스마트 팩토리의 등장 배경은 21세기 이후 인구 고령화(숙련된 노동자 감소)와 제품의 급변화(제품 수명주기 단축) 및 소비자들의 니즈(needs) 등이 주된 이유이다. 또한 개인 맞춤형 생산의 요구와 경제 구조의 변화(제조업 기반 → 정보기술(IT)을 포함한 서비스업 중심)에 따른 제조업의 혁신이 요구됨으로 인해 스마트 팩토리가 등장하였다고 보는 일부 학자들도 있다.

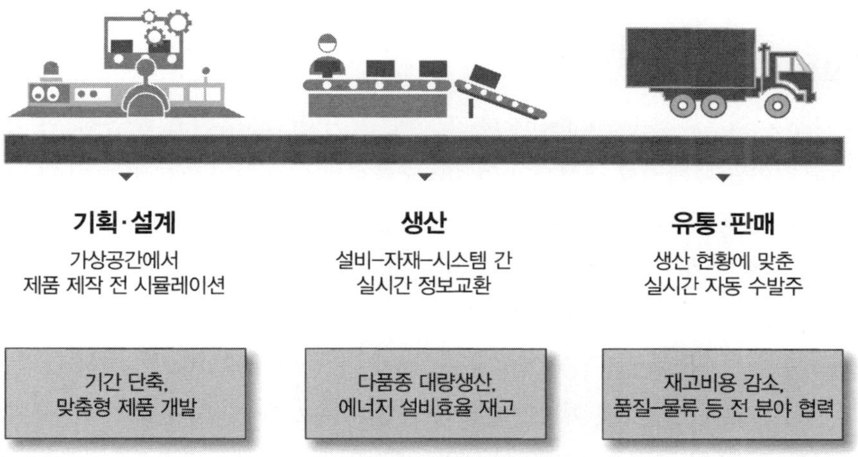

그림 8.17 스마트 팩토리의 개념도

| 스마트 팩토리의 특징

근래의 공정 자동화 기술은 각 공정끼리만 자동화가 구축되어 전체 공정을 유기적으로 관리·감독하기가 어려웠다. 그러나 스마트 팩토리는 ICT 기술을 이용하여 각 공정별로 모든 기계·설비와 장치가 유기적으로 연결(무선통신)되어 있기 때문에 최적의 통합 시스템 생산 환경을 구축할 수 있다. 또한 적절한 가격으로 맞춤형 제품을 생산할 수 있으며, 재고의 불확실성 문제도 자동화 시스템을 통해 해결할 수 있다.

다음 표 8.15는 스마트 팩토리를 구현하고 수준별로 발전하는 과정에 있어 반드시 필요한 5가지 조건을 정리한 것이다.

표 8.15 스마트 팩토리에 필요한 5가지 조건

조건	특성
4M+1E의 디지털화	4M+1E 요소(Man(사람), Machinery(기계), Material(재료), Method(방법), Environment(환경)) 등을 실시간으로 모니터링이 가능하다.
지능화	알고리즘이나 인공지능 등의 솔루션을 이용하여 최적의 값 또는 예측 가능한 값을 제공한다.
통합	사회 통합망과의 가치사슬(value chain)을 통해 End-to-end의 원활한 정보 교류가 가능한 수평적 통합 및 기계장치부터 기업까지 비즈니스 범위 수준의 수직적 통합을 구축한다.
엔지니어링 지식의 창출	지속적인 정보 확보 및 저장 후, 이를 기반으로 지식 창출이 가능한 자동화 시스템을 구축한다.
스마트 시스템과의 연결	향후 발전할 스마트 제품들과 통신 표준에 따라 연결 호환성을 가능하게 한다.

| 스마트 로봇

스마트 로봇은 외부환경을 인식(Sense)하고, 상황을 판단(Think)하고, 자율적으로 동작(Act)하는 기계로 정의된다. 사람을 대신하여 어렵고 반복적인 작업을 하는 똑똑한 기계에서 로봇기술의 융합 적용을 통해 지능화된 서비스를 창출하는 로봇화(Robotization)의 개념으로 발전하였다.

로봇기술은 인간을 모방하는 공통기술에서 각 산업 분야에 직·간접적으로 적용되고 있으며, 공통기술의 플랫폼 기술로 첨단기술 개발을 주도하는 원동력이 되었다. 로봇기술이 각 산업 분야에서 적용되기 위해서는 로봇 기반기술과 각 산업의 주요 기술과의 융합이 필수적이다. 스마트 로봇의 3대 구성요소로는 다음과 같다.

■ 스마트 로봇의 3대 구성요소

- 센서: 환경을 의식 할 수 있는 부분
- 제어: 인식한 결과에 따라 행위를 만들어 내는 부분
- 구동: 행위를 표현할 장치 부분

특히 센서 부분이 핵심이라고 할 수 있으며, 인공피부와 인공근육으로의 응용을 통해 발전되어 왔다.

인공근육은 생체 근육의 움직임과 기능을 모방하여 외부 신호 및 자극에 반응하여 가역적인 기계적 움직임을 가지는 구동기를 의미한다. 예를 들어 코끼리가 물체를 들어 올리거나 문어가 다리로 회전운동을 하는 모습을 생체 모방해 지름 10 nm의 탄소나노튜브(CNT)를 나선형으로 꼬아 실 형태의 회전이 가능한 인공근육을 만들었다. 이 회전형 인공근육은 전기화학적 에너지를 운동에너지로 전환하여 구동하는 원리이다. 또한 탄소나노튜브를 꼬아 만든 실 안에 파라핀을 넣어 실 모양의 파라핀 인공근육을 만들었는데, 이 파라핀 인공근육은 액체 속에서 구동 및 회전하는 인공근육과 비교하여 공기 중에서 20배 빠르게 회전할 수 있고 생체 근육보다 30배 큰 일률을 가지는 운동이 가능하다.

이러한 인공근육을 이용하면, 로봇이 더욱 섬세한 표정을 짓거나 의료용으로 더욱 정밀한 외과수술이 가능해지고, 나아가 인공근육 자체에 기능성 물질을 코팅하면 고성능 슈퍼커패시터(Super capacitor)로도 이용할 수 있어 로봇의 소형화뿐만 아니라 에너지저장장치로도 사용할 수 있을 것이다. 특수 소재가 아닌 낚싯줄이나 재봉실과 같은 저렴한 소재(나일론)를 이용해 만든 인공근육의 경우 가격경쟁력과 대중화를 견인할 수 있다.

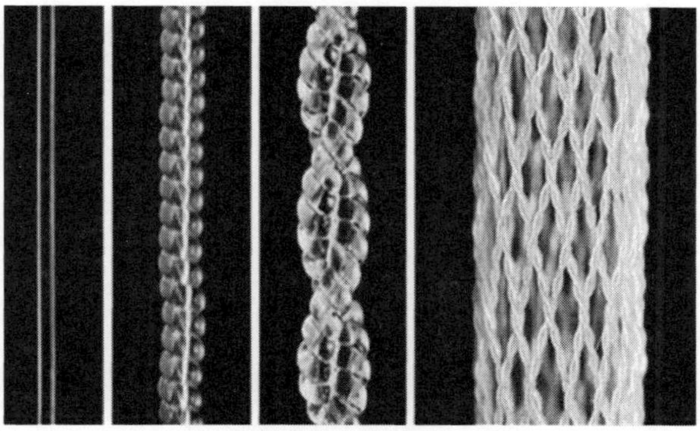

그림 8.18 나일론 인공근육 [출처: Science]

참고문헌

- 셔터스톡, https://www.shutterstock.com/ko/home
- 위키피디아, https://ko.wikipedia.org/
- 몸에 무해한 살균제 없다, 인체 유해 정도 다를 뿐, 중앙일보,
  https://news.joins.com/article/20189377
- 믿고 쓸 수 있는 안전한 '천연살균제' 7가지, 건강생활노트,
  https://blog.healthlifenote.com/126?category=637640
- 국내 구강청정제의 '대명사', 세계일보, 동아제약,
  http://m.segye.com/view/20150729004466
- 화학교재연구회, 생활속의 화학 제2판, 제7장 모든 곳에서 필요로 하는 물, 사이플러스, 2015
- 지구상에 존재하는 물 분포 현황, 한국수자원공사
- 미세먼지 관리 종합계획, 환경부(2019)
- 국내 화장품 시장 규모, BNK투자증권, Euromonitor(2018)
- 바이오 화학 산업의 가치사슬, 한국화학연구원
- 국내 의약품 시장현황, 보건산업통계, 식품의약품안전처(2019)
- 연령층별 인구 분포의 변화, 행정안전부
- 65세 이상 노인 진료비 지출 규모, 국민건강보험공단
- 31가지 식품첨가물 용도별 분류체계, 식품의약품안전처
- 칡을 효과적으로 제거하는 전문 제초제, ㈜경농
- 국가농작물병해충관리시스템(NCPMS), 농촌진흥청,
  https://ncpms.rda.go.kr/npms/Main.np
- 개막식의 화제 '인면조', '드론', 올림픽플라자서도 인기, 코리아넷뉴스(문화체육관광부),
  http://www.kocis.go.kr/koreanet/view.do?seq=9822&RN=2
- 페트병에서 의류제품으로, 한국페트병자원순환협회
- 해조류를 본떠 만든 초강력 방오성 소재, UNIST
- 계산대와 계산원이 없는 상점, 아마존 고(amazon go)
- 섬유형 온도센서의 구조, 구미전자정보기술원(CERI)
- 웨어러블 기기의 시장전망, 한국화학섬유협회
- ICT 스마트섬유제품 아이디어 공모전 당선작, 한국섬유수출입협회(Techtex)
- A. K. Geim, et al., Nature Materials, 그래핀의 응용, 2007
- 대구에 설치된 스마트 바닥 신호등, 바른신호, http://www.brsignal.kr/

- 서울시 성동구의 스마트 클린 버스쉘터, Dwelling, http://dwelling.co.kr/smart-air-clean-bus-shelter/
- 메트로팜(Metro Farm), FARM8, http://www.tfarm.co.kr/
- 나일론 인공근육, Science

찾아보기

ㅅ

ㅇ

ㅊ

ㅋ

ㅌ

A

B

C

D

E

F

G

저자 소개

강찬솔

2017 ~ 2018 한국화학연구원 화학정책정보센터 선임연구원
2018 ~ 2019 국방부 공군사관학교 화학과 6급 주무관
2019 ~ 현재 신한대학교 과학기술융합대학 섬유소재공학과 교수
2019 ~ 현재 중소기업기술정보진흥원(SMTECH) 평가위원
2020 ~ 현재 경기도 경제과학진흥원(GBSA) 평가위원
2020 ~ 현재 (재)경기대진테크노파크(TP) 전문위원
2021 ~ 현재 한국섬유공학회 '섬유기술과 산업' 평가위원
e-mail: kangcs@shinhan.ac.kr

생활 속 화학을 만나다
-기초 원리부터 응용까지-

저　　자 강찬솔
발 행 인 김지영
발 행 처 자유아카데미
주　　소 경기도 파주시 회동길 37-42
파주출판도시
전　　화 031-955-1321
팩　　스 031-955-1322
홈페이지 www.freeaca.com
전자우편 main@freeaca.com (대표)
editor@freeaca.com (편집)
crm@freeaca.com (영업)
등　　록 제406-2003-017호, 1980. 7. 12
제1판1쇄 2020년 12월 30일 발행
정　　가 20,000원

저자와의
협의하에
인지생략

ISBN 979-11-5808-295-6 93430